咽拭子采样自助机器人关键技术研究

蔡 磊 著

科学出版社
北 京

内 容 简 介

本书阐述了全球咽拭子采样机器人研究的进展，并针对困扰咽拭子采样机器人的阳性漏检率高、价格昂贵、易造成口腔伤害等瓶颈难题，攻克了口腔遮挡环境下采样位置特征数据生成与精准识别、昏暗不规则口腔环境下的咽拭子与采样位置动态匹配、基于咽拭子形态变化的口腔深度预测、基于多源信息融合的虚拟卡位等关键技术，研制了咽拭子采样自助机器人系统。

本书可以为机器人技术、人工智能、图像处理、目标识别等领域及交叉领域中从事机器学习、信息融合、模式识别及相关应用研究的技术人员提供参考。

图书在版编目（CIP）数据

咽拭子采样自助机器人关键技术研究 / 蔡磊著. — 北京：科学出版社，2023.8

ISBN 978-7-03-075316-8

Ⅰ. ①咽… Ⅱ. ①蔡… Ⅲ. ①咽－采样－专用机器人 Ⅳ. ①TP242.3

中国国家版本馆 CIP 数据核字(2023)第 056980 号

责任编辑：王 哲 / 责任校对：胡小洁

责任印制：吴兆东 / 封面设计：迷底书装

科学出版社出版

北京东黄城根北街 16 号

邮政编码：100717

http://www.sciencep.com

北京中石油彩色印刷有限责任公司印刷

科学出版社发行 各地新华书店经销

*

2023 年 8 月第 一 版 开本：720×1 000 1/16

2024 年 8 月第二次印刷 印张：9 1/4

字数：220 000

定价：99.00 元

（如有印装质量问题，我社负责调换）

作 者 简 介

蔡磊，男，博士（后），教授，博士生导师。河南省政府特殊津贴专家，河南省机器人行业协会副会长，河南省新乡市科协副主席，中国自动化学会机器人专委会委员。现任河南科技学院人工智能学院院长。

主持国家重点研发计划智能机器人重点专项、军委科技委 H863 计划、中央支持地方高校专项等省部级以上重点项目 6 项，其他省部级项目 10 余项；研发具有自主知识产权的智能机器人产品 30 余台（套），授权发明专利 20 余项；发表 SCI/EI 检索论文 50 余篇，出版学术专著 2 部；获得河南省科技进步奖 1 项，军队科技进步奖 2 项，空军技术革新奖 2 项。

前　　言

在医疗病原体检测领域，咽拭子采样检测具有早期诊断、灵敏度与特异性高等优势，已广泛应用于病原体检测、抗菌药物筛选、病人基因检测等方面。采样动作的规范、安全、准确是制约相关检测诊断结果有效性的关键性技术指标。“指定时间、指定地点、指定医护人员”的人工采样模式存在着医护人员大量占用、交叉感染风险大、疲劳操作误差、采样人员无法正常工作与生活、他人采样不适感等现实性难题。而现有机采样设备主要依赖机器臂操作的设计模式，虽然特色鲜明，但由于价格昂贵、缺乏有效性判断、易造成口腔伤害等痛点，无法满足市场化推广应用的现实需求。本书以咽拭子采样自助机器人为主线，详细介绍了咽拭子采样自助机器人的设计研发过程，深入挖掘了咽拭子采样过程中位置识别、深度预测和动态配准等关键技术。

第 1 章主要介绍了咽拭子采样自助机器人的研究现状、技术难点及系统特色和优势。分析现存咽拭子采样自助机器人现状，分析了现有的咽拭子采样自助机器人口腔采样位置识别、采样目标跟踪与轨迹预测、二维空间下咽拭子与采样位置深度动态匹配的技术难题，并提出了相应解决思路，在此基础上分析了咽拭子采样自助机器人实现的创新点及解决的难题。

第 2 章分别从结构设计、功能分析、关键技术三个方面详细介绍了咽拭子采样自助机器人的设计、研发迭代过程。咽拭子采样自助机器人一代机不仅解决了大量医用资源占用问题，提高了采样效率，降低了人工成本，还减少了人员的聚集，避免了因核酸采样现场管理不当造成的大面积感染问题。咽拭子采样自助机器人二代机实现了体温异常人员自动监测功能，降低传染风险。同时突破了受遮挡条件下的采样目标识别技术。咽拭子采样自助机器人三代机采用距离精准判定与矫正技术、不规则口腔内腭垂及咽后壁动态精准识别技术、多源异构信息融合的嘴部精准定位技术、采样咽拭子形态的口腔深度预测技术、二维空间下的采样棉签与腭垂深度位置动态匹配技术共同组成复杂口腔环境下咽拭子采样自助设备采样有效性判定系统，提高了识别精度，实现核酸检测过程“安全、便捷、低成本、高精度”的目标。

第 3 章对咽拭子采样自助机器人三代机的结构进行了详细说明，包括采样自助机器人三代机的整体结构和主要组成子结构。介绍了咽拭子采样自助机器人三代机的下料与收集系统，并详细分析了系统的组成结构、运行参数及运行流程。

解决了我国生产的自动供应装置结构简陋、下料效率始终不高的问题，使咽拭子采样自助机器人下料与收集系统真正做到智能化，极大缓解了以往人工下料、拧盖的情况，减轻工作人员压力，提高了效率。

第 4 章主要介绍了口腔昏暗环境下悬雍垂自动捕捉、不规则口腔内腭垂及咽后壁动态精准识别、基于采样咽拭子形态的口腔深度预测、咽拭子目标跟踪与轨迹预测、多源异构信息融合的嘴部精准定位以及二维空间下的采样棉签与腭垂深度位置动态匹配的方法。实现了昏暗复杂环境下腭垂及咽后壁的精准识别及追踪，解决了昏暗环境下小目标的精准识别与跟踪及遮挡问题。实现了采样咽拭子目标跟踪与轨迹预测，解决了跟踪过程中的“梯度消失”和“梯度爆炸”问题，实现了咽拭子采样自助机器人能够在相对复杂的口腔环境下进行小目标识别与精准定位。

第 5 章分析了咽拭子采样自助机器人的应用情况，对咽拭子采样自助机器人的硬件结构和核心算法进行了介绍，并对咽拭子采样机器人的市场应用进行了评估。

本书是河南省智能农业机器人技术工程研究中心、国家 863 计划智能机器人主题产业化基地河南分中心、河南科技学院智能机器人团队集体智慧的结晶。感谢河南科技学院徐涛博士、柴豪杰博士的帮助；感谢杨祖涛、秦晓晨、李岳峻、张炳远、王效朋、牛涵闻、王莹莹、孔二旗、班朋涛、王泊骅等智能机器人团队全体成员所付出的辛勤劳动；感谢作者家人的大力支持和理解。

由于作者水平有限，书中难免存在疏漏之处，恳请广大读者批评指正。

蔡　磊

2023 年 7 月

目　　录

第1章 绪　　论

现代医疗技术中，核酸检测被广泛应用于病毒感染的筛查与诊断。然而，传统的核酸咽拭子采集方式需要专业人员进行操作，且存在传染风险。因此，自助式核酸咽拭子采集机器人的研发具有重要的临床应用价值。本书将围绕核酸咽拭子采样自助机器人展开，全面讨论其设计、应用以及未来发展方向。

1.1 研究背景与意义

自2019年12月以来，新型冠状病毒(COVID-19)肆虐全球[1]，给人们的日常生活、身体健康带来了极大不便和严重威胁，给社会经济发展造成了极大损失。新冠病毒的检测方法主要包括核酸检测(荧光定量RTPCR)和抗体检测[2]。目前，确诊新冠感染最主要的检测手段是通过采集咽拭子样本方式进行核酸检测[3]。

核酸检测的物质是病毒的核酸。核酸检测是通过查找患者的呼吸道标本、血液或粪便中是否存在外来入侵病毒的核酸，来确定是否被新冠病毒感染。因此一旦检测为核酸“阳性”，即可证明患者体内有病毒存在。新冠病毒感染人体之后，首先会在呼吸道系统中进行繁殖，因此可以通过检测痰液、鼻咽拭子中的病毒核酸判断人体是否感染病毒。所以，核酸检测阳性可以作为新冠病毒感染确诊的标准。

正常人咽峡部应有口腔正常菌群，而无致病菌生长。咽部的细菌均来自外界，正常情况下不致病，但在机体全身或局部抵抗力下降和其他外部因素影响下会出现感染而导致疾病。因此，咽拭子细菌培养能分离出致病菌，有助于白喉、化脓性扁桃体炎、急性咽喉炎等的诊断。由于呼吸和食物都通过口腔，所以口腔中会有形形色色的细菌寄生。流感是通过呼吸道传播的，咽部是此类病毒聚集较多的地方。咽拭子标本就是用医用的棉签，从人体的咽部蘸取少量分泌物，采取的样本就是咽拭子标本，为了检验呼吸道疾病病毒类型，往往通过咽拭子方便快捷准确地检测出该病毒类型。

咽拭子和核酸检测既有区别又有联系，核酸检测方式有鼻拭子、咽拭子、肛拭子、气管镜和肺泡灌洗，咽拭子只是其中一种核酸检测方式[4-7]。疫情期间，存在确诊病人通过多次咽拭子检测仍无法检测出新冠病毒的情况，此时需要通过肺泡灌洗的方法找到新冠病毒[8]，部分患者通过鼻拭子、肛拭子等方式也可以检测到新冠病毒。咽拭子检测需要在咽后壁，主要是扁桃体弓的位置，左右两边各刷三下，提取脱落细胞，进行细菌培养，做非典型病原体的培养和寻找[9]。另外还可以进行涂片，再寻找病原菌。此外，咽拭子检测也可用于流感等呼吸道病毒的检测。

咽拭子采样自助机器人系统进行核酸检测的总体流程主要包含：扫码、取管、采样和样本收集四个环节。而核酸采样环节时间紧、任务量大、采样人员多，同时采样频率高、周期长，加上不可预测的突发性全员核酸检测时有发生，给核酸咽拭子采样工作带来了极大困难[10]。

通过以上分析，咽拭子核酸采样模式存在以下难题：

第一，要求“指定时间、指定地点”由“指定医务人员”进行核酸咽拭子采样。这种“聚集式”核酸采样过程不仅交叉感染风险大、安全隐患高，严重影响到人们的正常工作与生活，也造成医院日常运转的医务人员缺乏，正常就医很难保障。

第二，夏天核酸采样时，天气炎热，造成防护服内温度高、湿度大，导致核酸采样人员头晕、恶心，自身防护难度加大。

第三，在核酸咽拭子采样过程中，医护人员需要与被采样人员近距离接触，被采样人员咳嗽、用力呼吸等都会产生大量飞沫或气溶胶，会极大增加医护人员与被检测人员、被检测人员与被检测人员在采样过程中交叉感染的风险。

第四，核酸咽拭子采样时，需要准确地对待检人员的咽后壁和扁桃体腺侧壁来回刮拭 2～3 次才能完成取样，如果采样部位不符合条件将无法达到检测效果。而采样人员的手法、经验、疲惫程度等因素对核酸咽拭子采样质量都有很大影响，容易造成采样质量不统一。

为了减少医护人员的工作负担，降低交叉感染风险，提高核酸咽拭子采样质量，本书率先提出了“人机协同自助采样”的核酸咽拭子采样理念，即被检测人员自助完成咽拭子取样，机器人进行采样有效性判别。

1.2　咽拭子采样机器人国内外研究现状

与传统的人工采样相比，智能机器人采集核酸具有机械无疲劳的特点，能够提高检测效率，同时也减少了医护人员的感染风险[11,12]。一旦机器在国内广泛使用，一方面可以解决人员缺乏问题，另一方面也能有效降低新冠病毒的传播。因此，以无人的、非接触性的机器人承担采样工作，替代重复性的人力劳作，变得势在必行[13]。机器人替代医护人员进行核酸咽拭子采样，可以减轻医护人员的工作强度和精神压力，降低医护人员交叉感染的风险，提高核酸检测采样的准确率[14]。

咽拭子采样机器人具有以下优点：

第一，采集简便、早期识别、易普及。上呼吸道咽拭子核酸检测一分钟内即可采集完成，无须借助任何仪器设备。

第二，降低假阴性。由于医务人员在采集咽拭子标本时直面被采样人员口腔，担心被采样人员飞沫和气溶胶传播扩散病毒，容易在采集咽拭子时操作粗糙，或者取样时间较短，导致咽拭子假阴性[15]。如果医务人员可与被采样人员保持一定距离采样，能够更好地保护医护人员避免交叉感染，同时咽拭子采样机器人统一了采集的方式，势必能更加规范采样操作，获得更高质量的标本。

第三，不良反应少，被采样人员易配合。咽拭子为可直视操作，不良反应少，更容易让被采样人员配合及接受。

科学技术日新月异，人工智能、高速网络、精准控制、自动化技术不断发展，智能机器人应用日趋成熟，逐步应用于生活的各个领域。国内外已陆续报道有多款咽拭子采集机器人投入到疫情防控中。

1.2.1　国外咽拭子采样机器人研究现状

2020 年 6 月，韩国大邱融合技术研究中心和东国大学研究组成功研发一款机器人，能够实现医务人员远程从被采样人员的上呼吸道采集核酸检测标本[16]，如图 1-1 所示。

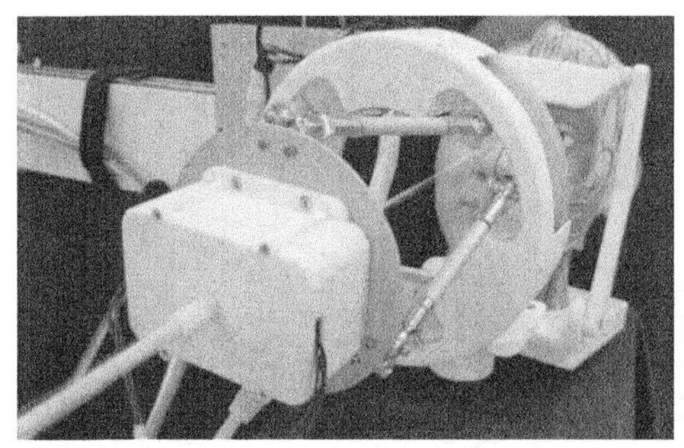
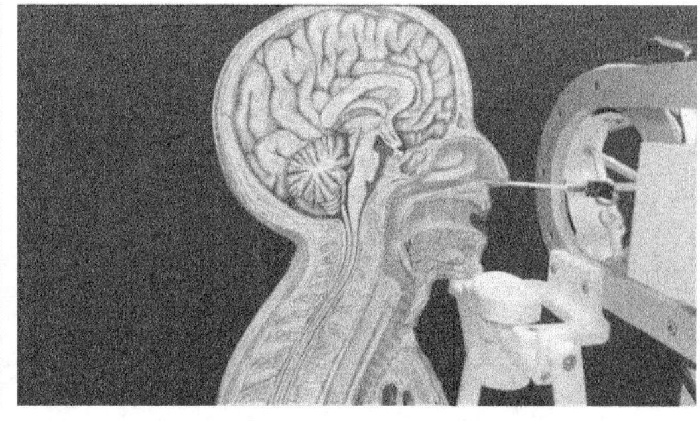

图 1-1　韩国研制出的核酸检测采样机器人

据有关报道介绍，该机器人主要由医疗团队操作的“主机”装置和与被采样人员接触的“子机”装置组成。装有可从鼻子和嘴中提取样本的一次性棉棒“子机”装置，会根据医务人员操控的“主机”指令，上下左右或者旋转移动。此外，医务人员可以通过影像实时确认棉棒的位置操控机器人，还可以调节插入棉棒时所需的力量，提高样本采集的准确度和安全性。东国大学医学院教师金南熙表示，该机器人不仅可以最大限度地减少医务人员的感染风险，还可以减少采集样本时穿戴防护装备所带来的不便。

2020 年 10 月，日本川崎重工推出一款核酸检测机器人，如图 1-2 所示。该机器人在获取检测样本后，80 分钟内可出检测结果[17]。整个检测系统由 10 台机器组成。被检测对象只需要自行将唾液等检测样本放入专用的试管，整个检测过程可以实现工作人员与被检测对象的零接触，有效降低检测人员的感染风险。

图 1-2　日本川崎重工推出的核酸检测机器人

1.2.2　国内咽拭子采样机器人研究现状

1)清研院新一代咽拭子采样机器人

2020 年 5 月，烟台清科嘉机器人联合研究院与清华大学现代机构学与机器人化装备实验室[18]联合研发的咽拭子采样机器人问世，如图 1-3 所示。

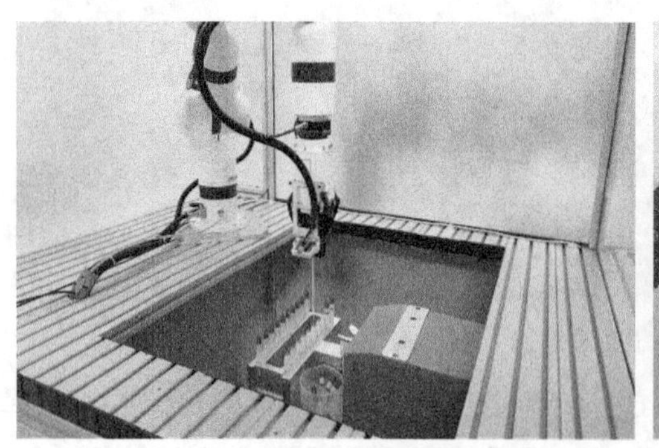
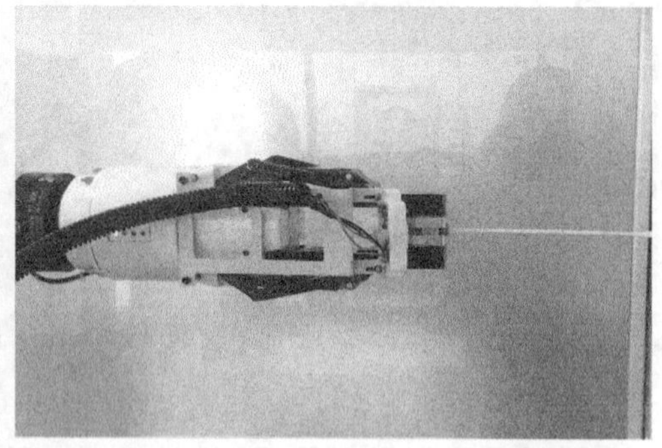

图 1-3　清研院新一代咽拭子采样机器人

在使用中，被采样人员需领取一次性专用咬口器自行安放到箱体指定位置，将个人二维码放置到箱体指定区域进行扫描，随后根据机器人系统语音提示便可完成采样，机器人会对样本进行自动化收集、封存到专用设备，并对系统进行自动消杀，很大程度避免人员密集及人员接触。该机器人可自动进行力觉反馈和视觉监控，采样过程全自动，降低感染风险，有效解决人手不足问题，并实现信息上“云”，支持后台实时查询核酸检测数据。同时，拥有三层安全防护，设备全封闭，采样完成后实时卫生消杀，降低感染风险。

2）SAIRI 赛瑞智能核酸采样车

2022 年 5 月，由上海人工智能研究院与奇瑞控股集团、节卡机器人合作开发出了 SAIRI 赛瑞智能核酸采样车，能够代替人力完成整个核酸采样过程[19]，如图 1-4 所示。

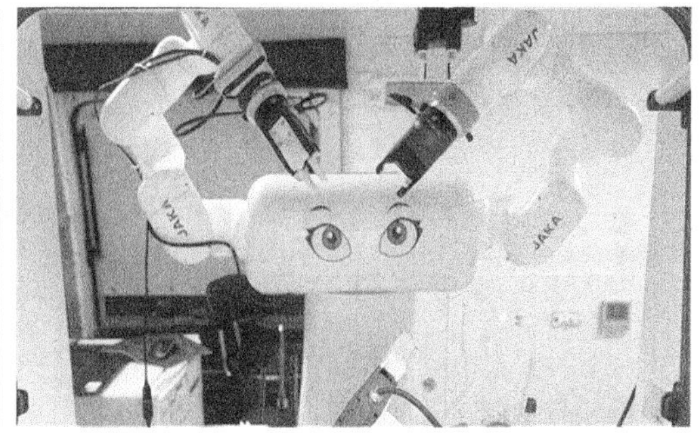

图 1-4　SAIRI 赛瑞智能核酸采样车

该款核酸检测机器人的突出特点为：

(1) 运用机器视觉原理。凭借视觉传感器，能够识别人脸位置，以及嘴部张开动作是否符合采样要求。如果符合，机械臂就把棉签伸入，再用内窥视觉系统检测口腔内环境，识别出扁桃体，引导棉签采集扁桃体附近的分泌物。

(2) 力位混合控制。力控传感器能实时反馈力控数据，将机械臂的力量参数控制在安全阈值内，而又能在真正接触到采样点时，保证力度可以完成有效采样。

(3) 机械臂的协调控制。采样完之后，两个机械臂把采样棒和试剂管进行正确匹配。

3）全自动核酸采样机器人

2022 年 7 月，上海大学成功研制出全程无接触、高度自动化智能化的核酸采样机器人[20]，如图 1-5 所示。

该款核酸采样机器人具有“全自动、非接触、大通量、高快速、云监控”等特色，它将灵巧机械臂和小型自动化生产线有机融合为一体，从拭子剥离、定位夹取、试管上位、试管扫码、口腔采样、样本剪切、试管到采样末端部位消毒等全流程实现了真正的“全程自动化”。该采样机器人灵巧机械臂和自动化生产线“完美配合”，实现了多节拍同步，提高了采样效率；另外，智能友好的音视频人机交互界面系统大大增强了采样者体验。“云端远程监控”随时掌控采样数据和设备运行状态，保障核酸采样机器人高效稳定运行。

图 1-5　上海大学研发的全自动核酸采样机器人

4) 法奥意威核酸检测机器人

2022年7月，法奥意威(苏州)机器人系统有限公司研发中心也推出了自主研发的、加强版的核酸采样机器人，在30秒左右即可完成一次核酸采样[21]，如图1-6所示。

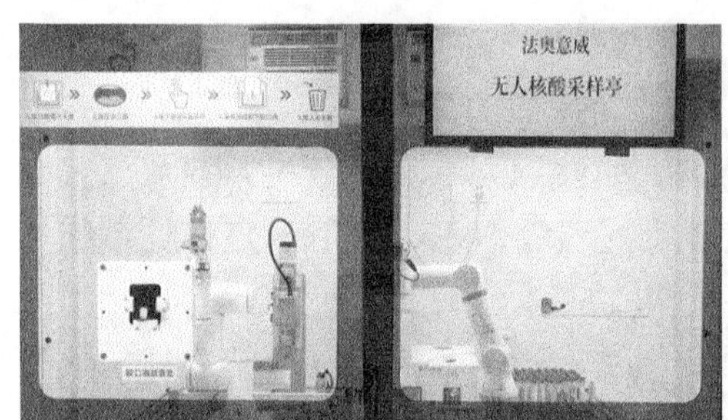

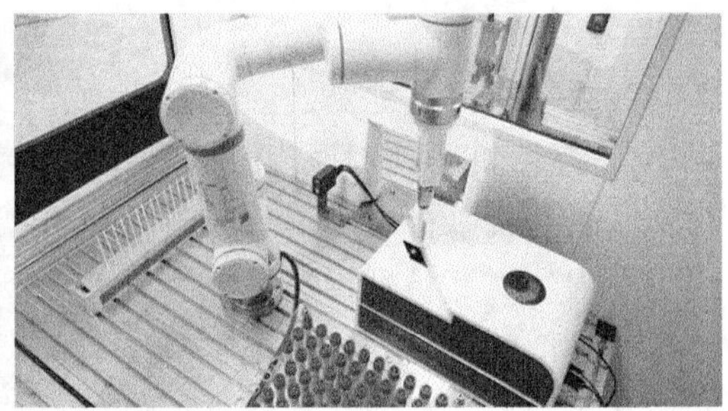

图 1-6　法奥意威核酸检测机器人

该款核酸检测机器人具体的采样流程为：

采样开始前，机器人协同操作采样管的开闭盖和扫码、咽拭子的抓取和标定；然后，被采样人员来到采样窗口，通过镜头识别口腔位置，系统自动将采样管和身份信息绑定并上传至公共卫生检验平台。采样时，机械臂利用3D视觉和力控技术带动采样棉签进入口腔，左右转动采样；最后，机械臂自动剪断拭子并对准试管塞入，机械臂将对应的试管盖拧紧，再放到底部试管架，完成采样任务。

该款核酸检测机器人的突出特点为：

能够借助力矩传感实现人机协作，利用3D视觉检测，精准定位口腔壁；通过云端智能监控，从而无缝衔接核酸检测上下游程序；采用模块化设计，能够适用于核酸采样的多种场景；采用双光编码器，精度更高，重复定位精度可实现±0.02mm；集机器人自动送料、自动采样等新兴技术于一体，相较人工采样大大减少了人力支出，实现了采样流程标准化作业；机器人采样时既不需要医护人员与采样对象直接接触，又能确保整个过程无沟通障碍；机器人插电即用、体积小、部署灵活、可衔接各类外部设备，可连续进行24小时采样工作、动作规范、检测手法温和、精准便捷，能减少人工操作失误带来的不适感。

1.3　主要研究内容

经过分析发现，核酸咽拭子采样机器人在应用推广过程中，存在以下行业痛点：缺乏采样有效性判断，目前市场上核酸咽拭子采样机器人并没有核酸采样有效性判别这个环节，而核酸采样有效性判别是采样机器人存在的基本条件；咽拭子采样机器人价格昂贵，目前市场上核酸咽拭子采样机器人少则几十万元，多则上百万、几百万；存在安全风险，由于被检测人员的口腔结构、大小、深度等有差异，核酸咽拭子检测机器人采用同一个动作进行采样，容易造成口腔伤害。

1.3.1　咽拭子采样自助机器人技术难点

1.3.1.1　口腔采样位置识别难

在新冠病毒核酸检测过程中，采样环节尤为重要，如采样人员没有根据相关规定进行规范操作，就会严重影响核酸检测质量。核酸咽拭子采样时，需要准确地对待检人员的咽后壁和扁桃体腺侧壁位置来回刮拭至少三次才能完成取样。口腔结构如图1-7所示。最显眼的肉球叫悬雍垂或者小舌头，但其并不是咽拭子核酸采样的对象，悬雍垂后面两边的地方叫扁桃体窝，里面放着扁桃体，当其发炎的时候会肿胀得很明显，但正常情况下并没有那么起眼。咽拭子核酸采样时，医生会用棉签在两侧扁桃体上稍微用力地来回擦拭至少三次，然后再将棉签触碰到整个口腔的咽后壁位置，并在咽后壁上擦拭至少三次之后取出咽拭子，把咽拭子头浸入到病毒保存液的试管里。

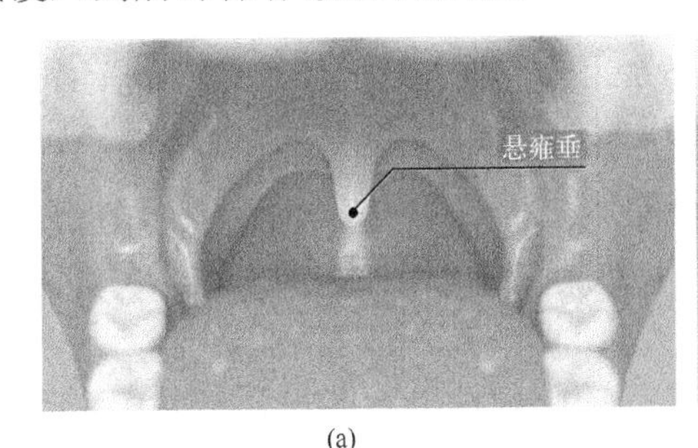

(a)

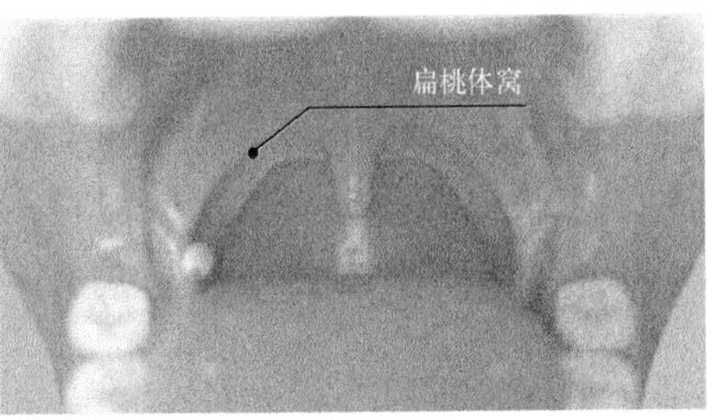

(b)

图1-7　口腔结构图

核酸咽拭子采样机器人在捕捉口腔内部图像时，因为口腔内部独特的构造和外部强光刺激，会引起内部光源不足、图像细节丢失、纹理轮廓性差、噪声大等问题，很难达到设备所需要的采集效果或者设备识别系统所需要的语义信息。

人的口腔内部构造独特，口腔内悬雍垂及咽后壁在形态、位置上大体相同，但是在大小、颜色上有着细微的差异。在采样摄像头捕捉的画面中，大部分被检测人员在张开口腔后并不能够同时完全露出悬雍垂与咽后壁，导致采集的数据样本分布不均衡、悬雍垂与咽后壁的形态不完整、在整个图像画面中所占的像素较少，难以实现悬雍垂及咽后壁的动态精准识别。

1.3.1.2　采样目标跟踪与轨迹预测难

目前，无论是通过机械臂进行咽拭子采样，还是人工进行咽拭子采样，在被采样人员的口腔内均会形成采样轨迹，正确的采样轨迹是保证咽拭子采样精度的重要前提。

目前公开的咽拭子采样机器人普遍采用基于视觉分析的咽拭子采样方法，通过机械臂在被采样人员口腔内部进行采样，判断实时获取的各个坐标与预设的目标坐标的差异度，基于差异度的结果，调整预设的采样路径，以得到实时的采样路径。此方法存在如下问题：

第一，摄像头安装在机械臂上，随机械臂移动，而其识别的目标为口腔内部采样位置，视觉识别的目标是静止的，有些部位很难到达。

第二，咽拭子与机械臂是一个整体，采样轨迹即是机械臂行走路径。在摄像头移动过程中需要实时确定口腔可采样部位的坐标位置，因此会出现口腔可采样部位的坐标位置误差较大的情况。

第三，以采样位置为目标点，根据实时识别的位置差异，实时调整预设的采样路径，即机械臂的运动路径。由于采样路径通过预设形成，根据预设的采样路径进行采样，对采样过程具有很大限制。

1.3.1.3　二维空间下咽拭子与采样位置深度动态匹配难

咽拭子只有到达口腔内咽后壁和扁桃体腺侧壁位置，并来回刮拭至少三次才能完成取样。这就需要精确识别咽拭子到达口腔的深度，并实时预测深度。如果利用立体视觉设备实现深度识别，一是会增加采样数据量和数据纬度，导致一般的主机配置很难满足视频处理的实时性要求，需要配置专用的计算服务器；二是目前通用立体视觉设备精度达不到识别要求，需要专门开发专用立体视觉设备，会大幅度增加咽拭子采样机器人的硬件成本，严重阻碍大范围的推广应用。

1.3.1.4 解决思路

第一，针对口腔采样位置识别难的问题，提出一种图像增强网络结构，通过灰度变换、线性滤波、暗光增强等方法融合处理，对灰暗环境下腭垂特征进行加强，提高识别精度，实现口腔灰暗环境下腭垂自动捕捉。

第二，针对咽拭子采样目标跟踪与轨迹预测难题，提出咽拭子头部的跟踪与轨迹预测方法。在被采样人员咽拭子采样过程中，能够为被采样人员提供示教视频，在示教视频中实时跟踪显示咽拭子棉签头部的位置及实时规划咽拭子棉签头部的轨迹线，以提示被采样人员按实时更新的轨迹线进行咽拭子采样，咽拭子棉签头部需按所示的轨迹线在口腔内移动，以便于被采样人员能快速有效地进行自助咽拭子采样。

第三，针对二维空间下的咽拭子与采样位置深度动态匹配难的问题，提出基于采样咽拭子形态的口腔深度预测技术，对不同形态和不同环境咽拭子进行特征提取与强化学习，实现口腔微环境的小物体识别与深度计算，确保了采样的有效性。

1.3.2 咽拭子采样自助机器人系统特色与优势

针对市场上产品存在的行业痛点和技术难点，本书提出了“自助式核酸采样”理念，成功研发一套咽拭子采样自助机器人系统，在确保核酸采样有效的前提下，可以满足“安全测、便捷测、低成本、高精度”的要求。

1.3.2.1 咽拭子采样自助机器人创新点

针对口腔昏暗不规则环境内精确识别采样位置的要求，先后突破了不规则口腔内腭垂及咽后壁动态精准识别技术、口腔灰暗环境下腭垂自动捕捉技术、基于采样棉签形态的口腔深度预测技术、二维空间下的采样棉签与腭垂深度位置动态匹配技术、采样距离精准判定与校正技术和基于多源异构信息融合的嘴唇精准定位技术，重点攻关采样棉签与腭垂动态匹配、采样距离精准判定与校正等关键核心技术。

1.3.2.2 咽拭子采样自助机器人解决的难题

第一，解决了目前核酸采样模式“指定时间、指定地点、指定医务人员”的难题，使得核酸采样“随时、随地、人人可采”。有效避免核酸采样过程中的交叉感染难题，实现核酸采样“安全测”。

第二，解决了核酸采样自动化设备价格昂贵的难题。目前市场上核酸采样自动化设备价格在几十万到上百万不等，无法满足核酸检测常态化的需要，而该系统成本仅有几万元，完全可以满足市场需求。

第三，解决了采样有效性判断难题。核酸采样有效性判别是咽拭子采样设备存在的首要条件。本书研发的咽拭子采样自助机器人可以对核酸采样进行准确判别，从而实现“精确检测”。

第四，解决了自动化采样设备存在潜在伤害风险的难题。因为人的口腔有差异，自动化采样设备采用同一个动作进行采样，容易造成口腔伤害。该系统采用自助式采样，被采样人员可以有效把握采样力度、深度。

1.4 本章小结

本章系统地介绍了咽拭子采样机器人的研究现状、技术难点及系统特色和优势。从国内外分析现存咽拭子采样机器人现状，分析了现有的咽拭子采样机器人口腔采样位置识别、采样目标跟踪与轨迹预测、二维空间下咽拭子与采样位置深度动态匹配的技术难题，并提出了相应解决思路。

参考文献

[1] Simon-Oke A I, Awosolu O B, Odeyemi O. Prevalence of malaria and COVID-19 infection in Akure north local government area of Ondo State, Nigeria. Journal of Parasitology Research, 2023.

[2] Han Q, Lin Q, Ni Z, et al. Uncertainties about the transmission routes of 2019 novel coronavirus. Influenza and Other Respiratory Viruses, 2020, 14(4): 470-471.

[3] Pondaven-Letourmy S, Alvin F, Boumghit Y, et al. How to perform a nasopharyngeal swab in adults and children in the COVID-19 era. European Annals of Otorhinolaryngology-Head and Neck Diseases, 2020, 137(4): 325-327.

[4] 刘继清. 咽拭子和肛拭子标本核酸检测对新型冠状病毒肺炎检测效果的比较. 临床医学, 2021, 41(11): 82-83.

[5] 王贤华, 刘丁, 陈东风, 等. 奥密克戎变异株咽拭子核酸持续阳性患者临床特点及肛拭子核酸检测分析. 中华危重病急救医学, 2022, 34(9): 905-908.

[6] 戴佩希, 贾萌萌, 漆莉, 等. 口咽拭子与鼻咽拭子流感病毒核酸检测的一致性研究. 国际病毒学杂志, 2022, 29(4): 273-277.

[7] Radhakrishnan S, Afsal E M, Anitha P M, et al. Performance and clinical utility of oropharyngeal versus nasopharyngeal swabs in COVID-19. Indian Journal of Medical Research, 2022, 156(3): 227-239.

[8] 田增春, 梁璐, 刘阳, 等. 咽拭子、肺泡灌洗液肺炎支原体-DNA 水平与社区获得性肺炎支原体肺炎炎性反应及免疫功能的关系. 安徽医药, 2022, 26(8): 1619-1623.

[9] 胡金曹, 沈瀚, 陶月, 等. 新型冠状病毒感染者咽拭子病毒载量与抗体水平的动态分析. 东南大学学报(医学版), 2021, 40(5): 645-652.

[10] 王南南, 彭燕, 刘双. 新型冠状病毒核酸咽拭子采集流程优化. 中国社区医师, 2021, 37(23): 55-57.

[11] 曹美婷, 李冬, 何超, 等. 一种智能化自动咽拭子核酸采集仪的设计与有限元分析. 科学技术创新, 2022, (32): 193-196.

[12] 杨海涛, 丰飞, 魏鹏, 等. 核酸检测的咽拭子采样机器人系统开发. 机械与电子, 2021, 39(8): 77-80.

[13] 李顺君, 钱强, 史金龙, 等. 基于卷积神经网络的扁桃体咽拭子采样机器人. 计算机工程与应用, 2022, 58(15): 324-329.

[14] 段玮, 刘医萌, 赵佳琛, 等. 新型冠状病毒感染疫情常态化防控期间一起聚集性发热疫情的病原鉴定与溯源分析. 中国病毒病杂志, 2023, 13(2): 120-125.

[15] Licata A G, Ciniselli C M, Sorrentino L, et al. Peritoneal fluid COVID-19 testing in patients with a negative nasopharyngeal swab: prospective study. British Journal of Surgery, 2023, 110(4): 504-505.

[16] 张琬琦. 疫情视角下的公共卫生产品设计研究. 青岛: 青岛理工大学, 2022.

[17] 王雅茹, 张凯秀. 智能机器人在医院感控领域的发展前沿及应用现状. 现代仪器与医疗, 2022, 28(6): 58-64.

[18] 王娟娟, 薛召, 马锋, 等. 护理机器人的临床应用研究进展. 护理学报, 2023, 30(2): 39-43.

[19] 秦江涛, 王继荣, 肖一浩, 等. 人工智能在医学领域的应用综述. 中国医学物理学杂志, 2022, 39(12): 1574-1578.

[20] 刘建楠. 基于迁移学习的新冠肺炎病灶分割的研究. 哈尔滨: 黑龙江大学, 2022.

[21] 仇秋飞, 周武源, 吴巧玲, 等. 专利视角下智能医用防疫机器人技术发展研究. 机械设计与制造, 2023, 5(9): 1-7.

第 2 章　咽拭子采样自助机器人结构设计与功能分析

在核酸咽拭子采样过程中，每个核酸采样点需配备三名医护人员组成一个采样小组，进行扫码、消毒和采样工作。据不完全统计，每个采样小组每天采样不超过 1000 人次，而且被检测人员需要花费大量时间排队。这种核酸咽拭子采样模式严重影响了医护人员的正常工作，也给人们日常生活带来了不便。针对以上核酸咽拭子采样难题，通过研发咽拭子采样自助机器人，可以实现“随时、随地、人人可采”。截至目前，已研制三代咽拭子采样自助机器人产品。本章简要介绍三代产品的研发过程，并详细分析每代产品的结构、功能、优缺点，及每代产品主要攻克的技术难点。

2.1　第一代咽拭子采样自助机器人

针对核酸检测模式中存在的难题，本节提出了“人机协同自助采样”理念，并基于该理念，研制第一代咽拭子采样自助机器人(简称一代机)，试图解决人工采样存在的难点，解决了占用大量医用资源的问题，并在此基础上提高了采样效率，降低了人工成本；另一方面，减少了人员的聚集，一定程度上降低了病毒的传染速度，初步实现咽拭子采样自助。

2.1.1　结构设计

2.1.1.1　总体结构设计

咽拭子采样自助机器人一代机分别由咽拭子采样操作台、预约码识别装置、试管供应装置、核酸采样咽拭子盒、核酸采样示教屏、外置主机位、外置侧机位摄像头、消毒机构、试管恒温储藏箱组成。一代机总体结构如图 2-1 所示。

预约码识别装置主要实现预约码的识别以及采集人员信息功能，主要包括核酸检测预约码及识别装置；核酸采样咽拭子盒主要实现咽拭子的存储以及供应功能，主要包括咽拭子盒及咽拭子；外置主机位及核酸采样示教屏主要实现采样人员口腔内外环境识别以及显示采样过程和提示信息功能；试管恒温储藏箱主要实现采样后试管的恒温储存功能；试管供应装置主要实现提供核酸试管功能，主要包括试管转盘、转盘电机和工控机；试管转盘主要实现核酸试管暂存和输送功能，主要包括四个试管槽、核酸试管以及转盘电机。试管供应装置如图 2-2 所示。

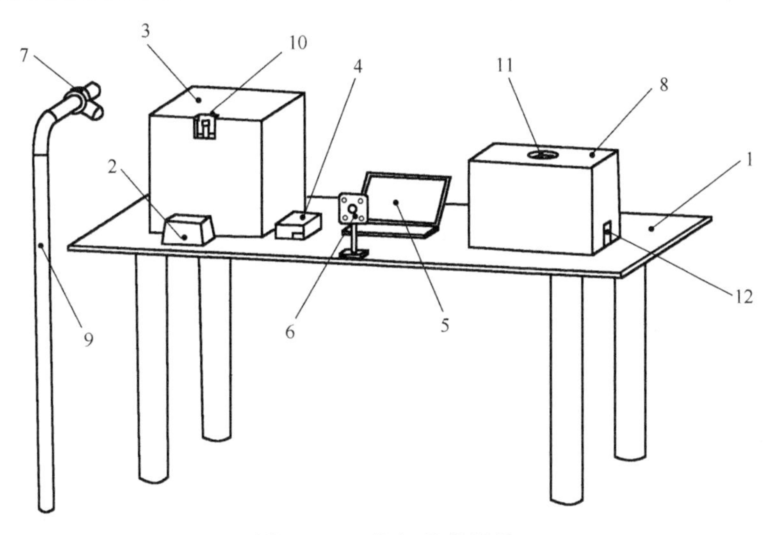

图 2-1　一代机总体结构

1-核酸采样操作台；2-预约码识别装置；3-试管供应装置；4-核酸采样咽拭子盒；5-核酸采样示教屏；6-外置主机位；7-外置侧机位摄像头；8-试管恒温储藏箱；9-L 型支架；10-试管弹出口；11-试管放入口；12-试管取出通道

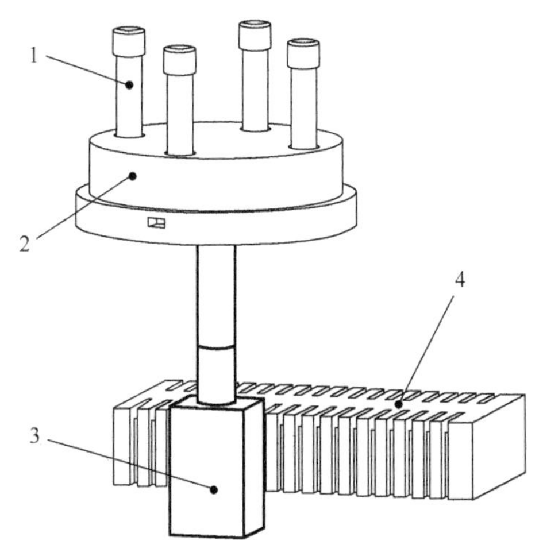

图 2-2　试管供应装置

1-试管；2-试管转盘；3-转盘电机；4-工控机

2.1.1.2　参数分析

为保证试管供应装置运行稳定，选用平稳低速运行的伺服电机，并且低速运行时不会产生类似于步进电机的步进运行现象。为防止伺服电机在参数调整边缘出现控制不稳定的问题，将伺服系统参数调整到 1～3 倍负载电机惯量比，并根据惯量匹配式(2-1)分析惯量匹配问题，防止出现因电机惯量和负载惯量不匹配而导致两者在动量传递时发生较大冲击。

$$T_M - T_L = (J_M + J_L)\alpha \tag{2-1}$$

式中，T_M 为电机产生的转矩，T_L 为负载转矩，J_M 为电机转子的转动惯量，J_L 为负载的总转动惯量，α 为角加速度。

伺服电机除连续运转区域外，还有短时间内的运转特性，如最大转矩，即使容量相同，最大转矩也会因电机差异而有所不同。最大转矩影响驱动电机的加减速时间常数，根据时间常数式(2-2)估算线性加减速时间常数 t_a，确定所需的电机最大转矩，选定电机容量。

$$t_a = (J_L + J_M) \times n \times 95.5 \times (0.8T_{max} - T_L) \tag{2-2}$$

式中，n 为电机设定速度，单位为 r/min；J_L 为电机轴换算负载惯量，单位为 kg · cm^2；J_M 为电机惯量，单位为 kg · cm^2；T_{max} 为电机最大转矩，单位为 N · m；T_L 为电机轴换算负载(摩擦、非平衡)转矩，单位为 N · m。

根据以上计算得出，试管供应装置选取伺服电机功率大约为 80W，电信号通过伺服电机控制转盘工作实现试管供给自动化。对于伺服电机来说，长期过载，容易发热造成损坏，甚至烧毁电机，选择低功率伺服电机有利于在保证正常工作前提下发挥出最大效能，同时有利于降低设备成本及维护成本。

2.1.2 功能分析

2.1.2.1 主要功能

一代机系统主要包括身份信息采集子系统、存储试管供应子系统、咽拭子供应子系统、采样有效性判别子系统和采样示教子系统，如图 2-3 所示。

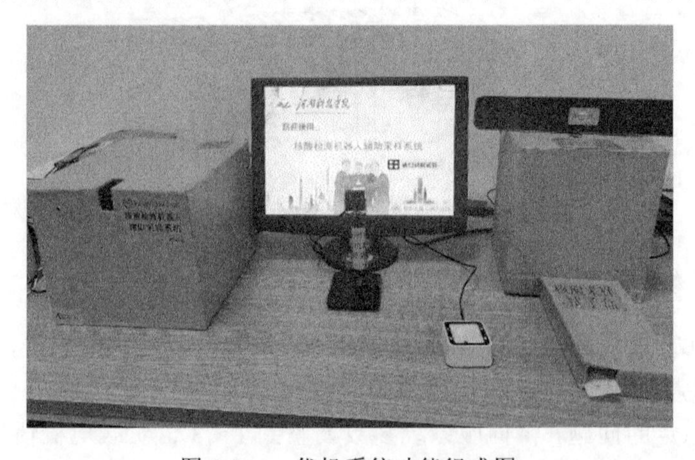

图 2-3　一代机系统功能组成图

其中，身份信息采集子系统用于识别被采样人员的核酸采样预约码，获取被采样人员的身份信息；存储试管供应子系统用于存储取样后的咽拭子试管；咽拭子供应子系统用于为被检测者提供咽拭子；采样有效性判别子系统用于处理咽拭子在口腔采样过程中的视频流信息，判断咽拭子与口腔采样位置区域匹配情况；采样示教子系统用于提供可视化镜像视频信息，为被检测人员提供专业化辅助，提高用户操作精准度与效率。

2.1.2.2　咽拭子采样流程

(1)被采样人员在核酸检测之前需进行扫码预约，并在咽拭子采样自助机器人后台网页界面输入个人身份信息，生成被采样人员核酸检测二维码。身份信息采集系统如图 2-4 所示。核酸检测二维码识别完成后，咽拭子采样自助机器人启动，在核酸采样示教屏显示被采样人员的身份信息。外置侧机位对被采样人员的核酸检测过程和周围环境进行实时记录。

图 2-4　身份信息采集系统

(2)存储试管供应装置内的转盘电机驱动试管转盘转动，将检测试管输送至取管口。同时，咽拭子采样自助机器人提示取走棉签与试管，在核酸采样示教屏显示取出核酸试管的引导动作。试管供应装置如图 2-5 所示。被采样人员从取管口

图 2-5　试管供应装置

取出咽拭子存储试管，并从咽拭子盒中取出咽拭子。取试管操作如图 2-6 所示。被采样人员将咽拭子存储试管放在外置主机位的摄像头前，咽拭子采样自助机器人对存储试管进行识别，并判断被采样人员是否成功取出存储试管。棉签试管识别如图 2-7 所示。

图 2-6　取试管操作

图 2-7　棉签试管识别

(3)咽拭子采样自助机器人提示被采样人员向上 30° 仰头，并将嘴巴张大。咽拭子采样示教屏显示提示内容的引导动作。外置主机位的摄像头获取被采样人员嘴部信息，对嘴部信息进行识别，并以嘴部信息计算采样靶点位置。咽拭子采样自助机器人判断被采样人员的嘴部是否张开充分，并将其设置为阈值 a。若不满足阈值 a，则咽拭子采样自助机器人会再次提示被采样人员张大嘴巴。若满足阈值 a，则开始采样，咽拭子采样自助机器人提示被采样人员按照提示用棉签在指定部位擦拭多次，在咽拭子采样示教屏上显示指定部位擦拭的引导动作。采样引导如图 2-8 所示。

图 2-8　一代机采样引导

(4)当被采样人员将棉签伸入口腔后，外置主机位的摄像头获取咽拭子棉签头部信息。咽拭子采样自助机器人识别咽拭子棉签头部位置信息，判断采样靶点位置与咽拭子棉签头部位置是否重合，若满足条件，则咽拭子采样自助机器人判定采样成功。若不满足条件，则需要被采样人员继续擦拭指定部位，直至采样成功。进入留样阶段，咽拭子采样自助机器人提示被采样人员拧开试管，将棉签头折断并放入，随后拧好试管盖，在咽拭子采样示教屏上显示留样过程的引导动作。留样引导如图 2-9 所示。

图 2-9　留样引导

(5)咽拭子采样自助机器人提示被采样人员将试管投入收集箱，被采样人员按照咽拭子采样示教屏的引导动作，打开试管恒温储藏箱上表面试管投放口处的滑动挡板，将咽拭子样本管投放至试管恒温储藏箱内，并关闭滑动挡板。试管回收如图 2-10 所示。

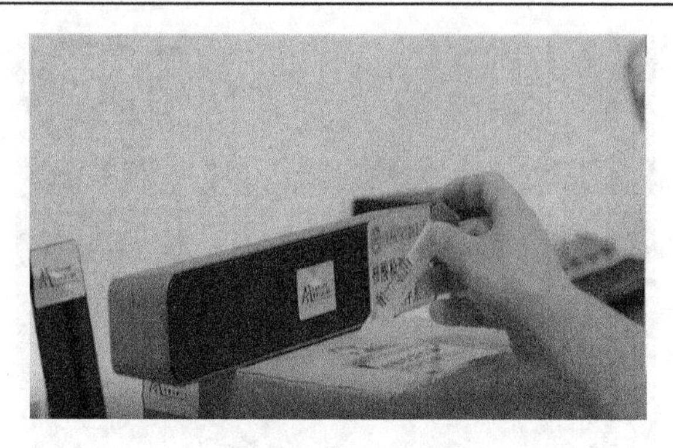

图 2-10　试管回收

2.1.3　关键技术

2.1.3.1　识别方法流程

在被采样人员进行咽拭子采样时，通过对被采样人员嘴部识别确定采样靶点位置，并将采样靶点位置显示在核酸采样示教屏上，引导被采样人员能够准确擦拭指定采样区域。为确保被采样人员采样成功，需识别咽拭子棉签头部位置，判断咽拭子棉签头部是否与采样靶点位置重合，咽拭子采样自助机器人通过识别被采样人员嘴部信息计算采样靶点位置和咽拭子棉签头部位置。

第一代咽拭子采样自助设备采用一种基于 Faster R-CNN 的识别方法[1]，具体流程如下：

首先，构建咽拭子目标识别数据集以及被采样人员口腔和咽拭子棉签头部的图像信息。对咽拭子棉签头部进行图像采集，并对口腔对象进行图像标注；其次，基于开源的计算机视觉库(Open Source Computer Vision Library，OpenCV)对棉签信息进行识别[2]，基于 Faster R-CNN 目标识别方法建立目标识别网络，输入目标识别数据集，对口腔图像信息进行特征提取，训练目标识别网络模型；最后，被采样人员进行核酸采样时，外置主机位的摄像头获取视频流信息，将视频流信息与目标识别网络模型进行匹配，生成目标预测框。

当咽拭子采样自助机器人目标识别网络检测到被采样人员口腔时，标定被采样人员口腔预测框的中心位置，该中心位置设置为采样靶点；当咽拭子采样自助机器人目标识别网络检测到咽拭子棉签头部时，标定咽拭子棉签头部的中心位置；当咽拭子采样自助机器人目标识别网络检测到被采样人员口腔预测框的中心位置与咽拭子棉签头部的中心位置重合时，咽拭子采样自助机器人判定采样成功。

2.1.3.2　基于OpenCV的试管与棉签定位与识别技术

针对核酸采样过程中需要对试管以及棉签的位置进行判定，从而判定采样人员是否正确手持试管与棉签，基于一代机提出了利用OpenCV图像处理技术，对摄像头取景范围内核酸试管和棉签的颜色及轮廓精确识别和提取[3,4]。方法流程图如图2-11所示。

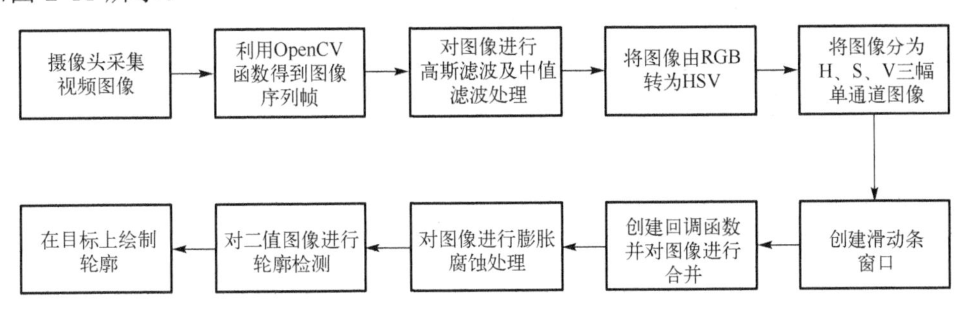

图2-11　方法流程图

1)图像获取及预处理

利用外置主机位摄像头获取试管及棉签图像并对图像进行高斯滤波和中值滤波处理，来消除背景、阴影、轮廓边缘的颜色偏差对识别结果的影响，从而提高图像的识别效率和精度[5]。

(1)高斯滤波处理。高斯滤波处理就是对整幅试管棉签图像像素值进行加权平均，每一个像素点的值，都由其本身值和邻域内其他像素值经过加权平均后得到[6]。高斯滤波的具体操作是：用一个模板去扫描图像中的每一个像素，用模板确定的邻域内像素的加权平均灰度值去替代模板中心像素点的值。

一维高斯分布

$$G(x)=\frac{1}{\sqrt{2\pi\sigma}}\mathrm{e}^{-\frac{x^2}{2\sigma^2}} \tag{2-3}$$

二维高斯分布

$$G(x,y)=\frac{1}{2\pi\sigma^2}\mathrm{e}^{-\frac{x^2+y^2}{2\sigma^2}} \tag{2-4}$$

(2)中值滤波的基本原理是把数字图像或数字序列中一点的值用该点的一个邻域中各点值的中值代替，让周围的像素值接近真实值，从而消除孤立的噪声点[7]。方法是用某种结构的二维滑动模板，将模板内像素按照像素值的大小进行排序，生成单调上升(或下降)的二维数据序列。二维中值滤波输出结果为

$$g(x,y)=\mathrm{med}\{f(x-k,y-l),(k,l\in W)\} \tag{2-5}$$

式中，$f(x,y)$、$g(x,y)$ 分别为原始图像和处理后图像。W 为二维模板，通常为 3×3、5×5 区域，也可以是不同的形状，如线状、圆形、十字形、圆环形等。

基于两种滤波器各自的特点及互补的特性，在程序中同时使用了这两种滤波函数，以使得到的试管棉签图像更平滑，从而减少噪声影响。

2)颜色空间转换及图像通道的分离

在进行图像识别时，只需要使用灰度图像的信息，且 HSV 颜色空间相比于 RGB 颜色空间更具有优越性，因此为了提高运算速度，针对彩色棉签试管图像的信息量过大的问题，提出了一种将 RGB 转化为 HSV 的方法[8]。对比效果如图 2-12 所示。

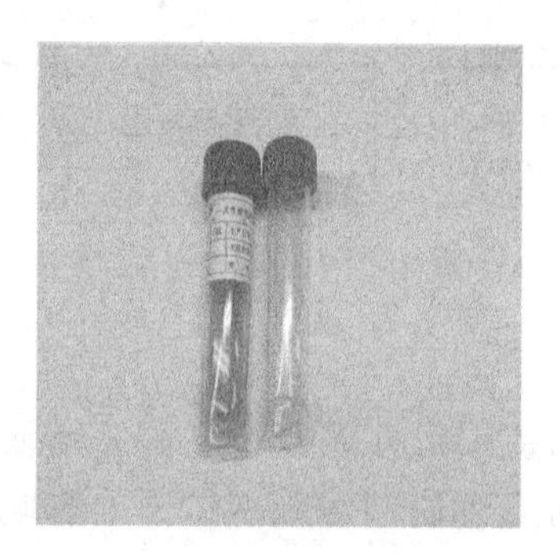

图 2-12　试管颜色空间转换后的对比图

RGB 到 HSV 的数学转换函数为

$$v = k_1 / 255 \tag{2-6}$$

$$s = \begin{cases} 0, & k_1 = 0 \\ (k_1 - k_2)/k_1, & k_1 \neq 0 \end{cases} \tag{2-7}$$

$$h = \begin{cases} \left(0 + \dfrac{g-b}{k_1 - k_2}\right) \times 60, & s \neq 0, \quad k_1 = r \\ \left(2 + \dfrac{b-r}{k_1 - k_2}\right) \times 60, & s \neq 0, \quad k_1 = g \\ \left(4 + \dfrac{r-b}{k_1 - k_2}\right) \times 60, & s \neq 0, \quad k_1 = b \\ \text{未赋值}, & s = 0 \end{cases} \tag{2-8}$$

式中，k_1 为 $\max\{r,g,b\}$，k_2 为 $\min\{r,g,b\}$，r、g、b 分别为 RGB 颜色空间中红色、绿色、蓝色 3 个分量的值，h、s、v 分别为 HSV 颜色空间中色度、饱和度、亮度的值。首先对图像进行 RGB 到 HSV 的转换，然后对得到的 HSV 图像进行通道分离，分离为 3 个单通道图像，分别为 H(色度通道图像)、S(饱和度通道图像)和 V(亮度通道图像)。

3)创建滑动条及阈值化处理

创建滑动条的目的是返回所需的颜色参数阈值。第一代咽拭子采样自助机器人设定了 6 个调节参数，分别是：LowHue(色度下限值)、HighHue(色度上限值)、LowSaturation(饱和度下限值)、HighSaturation(饱和度上限值)、LowBrightness(亮度下限值)、HighBrightness(亮度上限值)。可以通过接收滑动条返回的各个阈值而得到目标颜色的色度、饱和度和亮度单通道图像。

4)图像生成及图像形态学处理

对上述得到的三个单通道图像进行按位与运算，最后得到棉签试管的二值图像。得到的试管图像会出现噪声，接下来需对试管图像进行图像形态学处理[9]。采用膨胀腐蚀的方法处理试管图像，可以明显去除或减少噪点，使得到的目标体进行最大的连通。膨胀是指将一些图像与核进行卷积，求局部最大值的操作，数学表达式为

$$\mathrm{dst}(x,y)=\max\{\mathrm{src}(x+x',y+y')\},\quad (x',y')\in \mathrm{kernel} \tag{2-9}$$

式中，dst 为输出图像，src 为输入源图像，kernel 为用于腐蚀或膨胀的核结构元素，图像处理采用大小为 3×3 的卷积核，如图 2-13 所示。

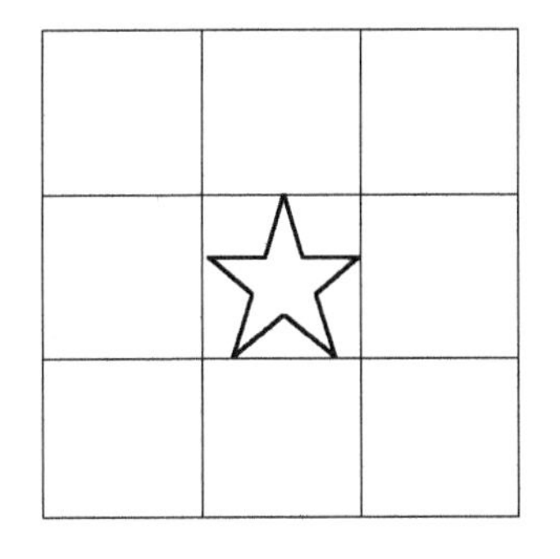

图 2-13　卷积核大小像素图

腐蚀是膨胀的反操作。腐蚀操作要计算核区域像素的最小值。腐蚀的数学表达式为

$$\mathrm{dst}(x,y)=\min\{\mathrm{src}(x+x',y+y')\} \tag{2-10}$$

一般来说，膨胀扩展区域，而腐蚀缩小区域。膨胀可以填补凹洞，腐蚀能够消除凸起。腐蚀操作通常是用来消除图像中的“斑点”噪声，可以将斑点腐蚀掉，且能确保图像内的较大区域依然存在。在寻找连通分支(即具有相似颜色或强度的像素点和大块互相分离的区域)时通常使用膨胀操作。故采用先膨胀后腐蚀的方法

可以有效去除棉签试管的边缘噪点及其他噪声影响。

5）查找轮廓和绘制轮廓

Canny 边缘检测方法是最常用的边缘检测方法，其最重要的特点是能够将独立的候选像素拼装成轮廓[10]。轮廓的形成是对这些像素运用滞后性阈值，一代机所采用的上下限阈值比为 3∶1。Canny 边缘检测方法是高斯函数的一阶导数，是对信噪比与定位精度乘积的最优化逼近算子。

Canny 方法首先用二维高斯函数的一阶导数，对图像进行平滑，设二维高斯函数为

$$G(x,y)=\frac{1}{2\pi\sigma^2}\mathrm{e}^{-\frac{x^2+y^2}{2\sigma^2}} \tag{2-11}$$

其梯度矢量为

$$\nabla G=\begin{bmatrix}\dfrac{\partial_G}{\partial_x}\\ \dfrac{\partial_G}{\partial_y}\end{bmatrix} \tag{2-12}$$

图像通过式(2-11)进行平滑，抑制图像噪声。其中 σ 为平滑参数，σ 较小时，边缘定位精度高，但图像平滑作用较弱，抑制噪声的能力差；σ 较大时则相反。梯度计算完成平滑后进行“非极大值抑制”细化梯度幅值矩阵，寻找图像中的可能边缘点；最后进行“双门限检测”，通过双阈值递归寻找图像边缘点，实现边缘提取。Canny 检测流程如图 2-14 所示。

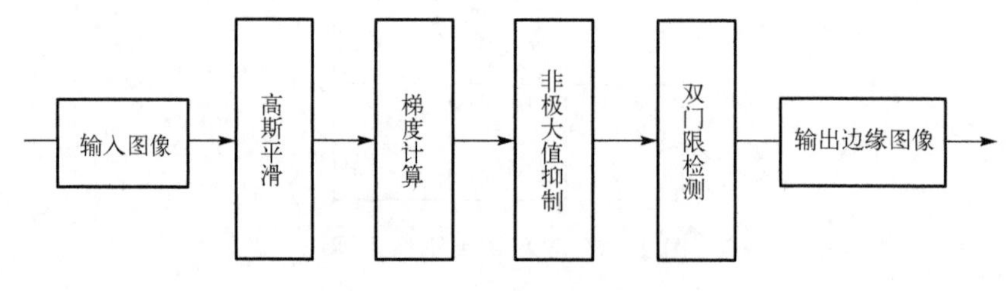

图 2-14　Canny 检测流程

试管识别过程为：

首先，对获取的棉签试管图像同时使用高斯滤波和中值滤波函数，使得到的试管图像更平滑从而减少噪声影响，再将彩色 RGB 图像转换为 HSV 图像以提高运算速度；其次，利用创建的滑动条来调节阈值从而进行颜色识别和得到棉签试管的二值图像，对得到的二值图像进行膨胀和腐蚀处理。采用先膨胀后腐蚀的方法可以有效去除棉签试管的边缘噪点及其他噪声影响；最后，在颜色识别的基础

上进行试管边缘检测及轮廓识别。有效地避免了目标物体(即试管)周围相近颜色的干扰，具有较高的可行性。

采样棉签识别过程为：

首先，将拍摄的棉签图像进行图像预处理，由 RGB 模型转换成 HSV 模型，忽略掉光照影响，方便进行特定颜色区域的提取；其次，进行中值滤波去除噪点，以及灰度化降低棉签图像处理的运算量，在去除噪声同时保持图像边缘特性，进行二值化进一步降低运算量，通过背景膨胀去除细小杂点；最后，对处理完的棉签图像进行轮廓提取，再用线段对轮廓进行拟合，根据拟合线段的数量来区分不同的形状，从而最终实现棉签的识别。

2.1.3.3　基于 Faster R-CNN 的嘴部区域定位与识别技术

Faster R-CNN 通过构建区域建议网络(Region Proposal Network，RPN)代替选择性搜索方法来获取嘴部图像的候选区域，该方法将目标特征的提取、候选区域的获取、目标的分类和回归三部分工作整合在一个网络结构中，形成端到端的目标检测框架[11,12]。其网络框架图如图 2-15 所示。

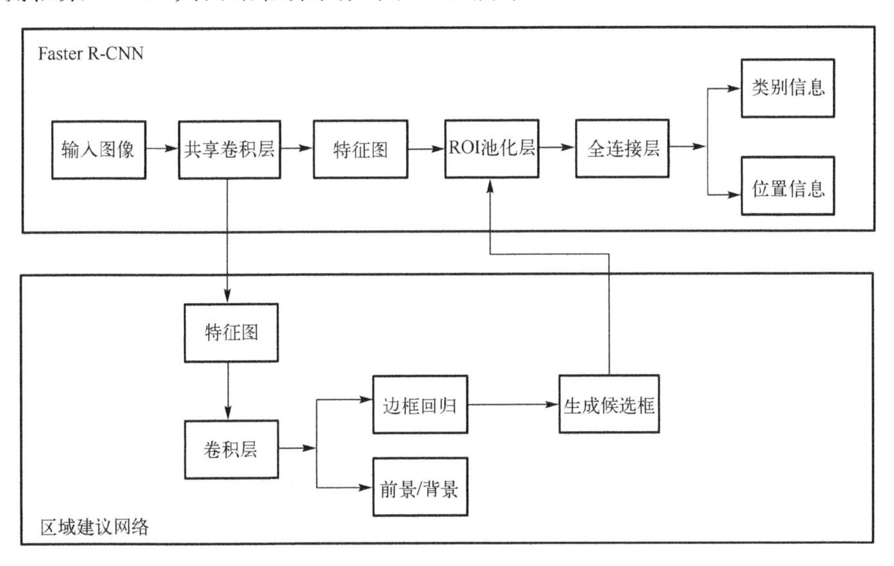

图 2-15　Faster R-CNN 网络框架图

1) 目标特征的提取

输入提取的嘴部图像，通过卷积神经网络对其进行卷积和池化后，得到嘴部图像的特征图，区域建议网络和分类回归网络共享特征图，因此特征图一方面输入区域建议网络来获取候选区域[13]，另一方面输入到分类回归前的 ROI 池化层进行池化操作。

2) 候选区域的获取

候选区域建议网络的主要思想是：基于卷积神经网络得到的特征图，对所有的候选框进行判别，并进行位置精修。基于最后的卷积特征图，区域建议网络生成相应的候选区域，生成的候选区域特征图像素少，所以在进行窗口滑动时，移动的步数也就相对减少。锚点机制会在滑动窗口每次移动到的位置生成三种不同尺寸和比例的 9 个候选区域，比如特征图大小为 30×50 的第三卷积层会产生 30×50×9 个候选区域。最初生成的锚点并不精确，将这些锚点送入回归机制来修正位置。在 ZF Net 模型 (Zeiler＆Fergus Net) 中，原图经过卷积层处理后，产生了 256 幅特征图，也就是每个位置都是 256 维的。在特征图中，每个点都根据锚点机制产生 k 个锚点，每个锚点都要被分类，产生前景概率和背景概率，所以每个点会产生 $2k$ 个得分，经过回归层后产生 $4k$ 个偏移量。锚点机制如图 2-16 所示。

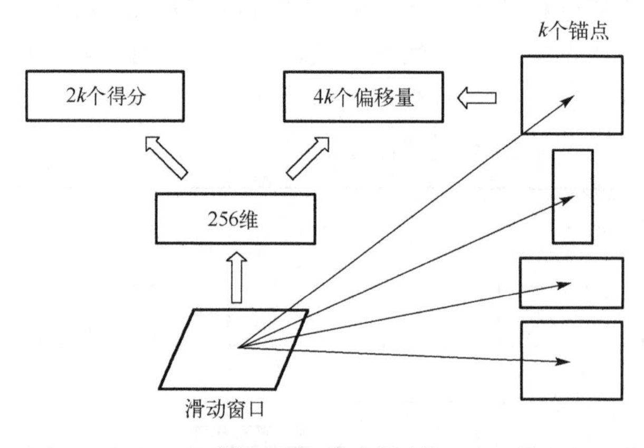

图 2-16　锚点机制

3) 目标的分类和回归

分类：在经过卷积层的运算过后，会输出一个矩阵。因为特征图上的每一个点会生成 9 个检测框，每个框都有可能被识别为前景或者背景，产生 2 个信息，9 个检测框会生成 18 个信息。通过设定阈值，利用 Softmax 激活函数获得包含前景的检测框，生成区域建议框，对这些建议框进行回归计算。边界框回归原理如图 2-17 所示。

边框回归：对于最初生成的区域建议框，用 P 来表示。通常使用四维向量来描述其所在的位置和尺寸信息 (P_x, P_y, P_w, P_h)。P_x、P_y 分别表示区域建议框中心点的横坐标和纵坐标，P_w、P_h 分别表示区域建议框的宽和高。当区域建议框与真实有效值比较接近时，可以选择使用线性回归的方式来微调检测框的参数。对于与真实有效值相差较大的区域建议框，则应当舍弃。假设区域建议框的位置信息用四维向量表示为

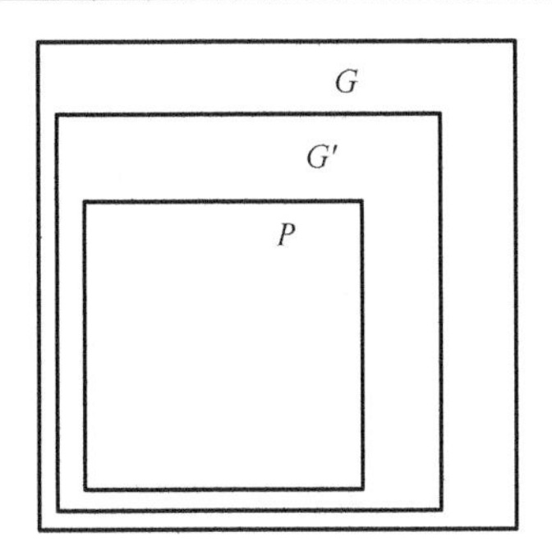

图 2-17　边界框回归原理图

$$P=(P_x,P_y,P_w,P_h) \tag{2-13}$$

目标所在边框的位置信息用四维向量表示为

$$G=(G_x,G_y,G_w,G_h) \tag{2-14}$$

能够找到一种映射关系，将 P 映射到另外一个与 G 重合度较高的回归窗口，将该窗口称为 G'，使得

$$F(A)\approx G=G' \tag{2-15}$$

式中，$G'=(G'_x,G'_y,G'_w,G'_h)$。

为满足上述要求，本节先对检测框做平移，对检测框做缩放运算，计算过程如下

$$G'_x=P_w\times d_x+P_x \tag{2-16}$$

$$G'_y=P_w\times d_y+P_y \tag{2-17}$$

$$G'_w=P_w\times \mathrm{e}^{d_w} \tag{2-18}$$

$$G'_h=P_h\times \mathrm{e}^{d_h} \tag{2-19}$$

根据上述计算过程可以看出，如果对检测框位置信息进行回归运算，需要了解(d_x,d_y,d_w,d_h)这几个参数。线性回归，就是给定输入特征向量 X，学习一组参数 W，使得求出的结果 Y 最大限度接近真实值。将输入图像卷积后得到的特征图定义为 $\varPhi$。在训练的过程中，网络会传入真实有效值的坐标信息向量，边框回归计算的是区域建议框 P 到真实标注框 G 需要平移和缩放的量，假设为 $T=(t_x,t_y,t_w,t_h)$，则 t_x、t_y、t_w和 t_h 对应的计算过程如下

$$t_x=\frac{G_x-P_x}{P_x} \tag{2-20}$$

$$t_y=\frac{G_y-P_y}{P_y} \tag{2-21}$$

$$t_w = \log\left(\frac{G_w}{P_w}\right) \tag{2-22}$$

$$t_h = \log\left(\frac{G_h}{P_h}\right) \tag{2-23}$$

如果 $d_* = (d_x, d_y, d_w, d_h)$，那么目标函数可以表示为

$$d_* = w_*^{\mathrm{T}} \times \varPhi(P) \tag{2-24}$$

式中，$\varPhi(P)$ 是对应锚点的特征图的特征向量，w 是需要学习的参数，d 是得到的预测值。$*$ 表示区域建议框位置信息的四个参数，即中心坐标 x、y 和建议框的宽高 w、h。最终优化目标是使得预测值与真实值的差距尽可能小。所以定义损失函数如下

$$\mathrm{Loss} = \sum_i^N (t_*^i - w_*^{\mathrm{T}} \times \varPhi(P^i)^2) \tag{2-25}$$

Faster R-CNN 的主要步骤可以归纳为：

首先，向 CNN 网络输入图像，得到对应特征图，将特征图传给 RPN 的同时，也继续前向传播得到特有特征图；其次，经过 RPN 在特征图上得到区域提议，并对区域提议采取极大值抑制，输出 Top-N 区域提议，将得到的特有特征图和区域提议同时传递进 ROI 池化层，获取对应的特征；最后，将区域提议的特征连接至全连接层，输出该特征的分类和回归结果。

2.1.3.4　基于嘴部区域信息的采样靶点识别方法

在被采样人员进行咽拭子采样时，通过对被采样人员嘴部识别确定采样靶点位置，并将采样靶点位置显示在核酸采样示教屏上，引导被采样人能够准确擦拭指定采样区域。靶点识别方法流程如图 2-18 所示。

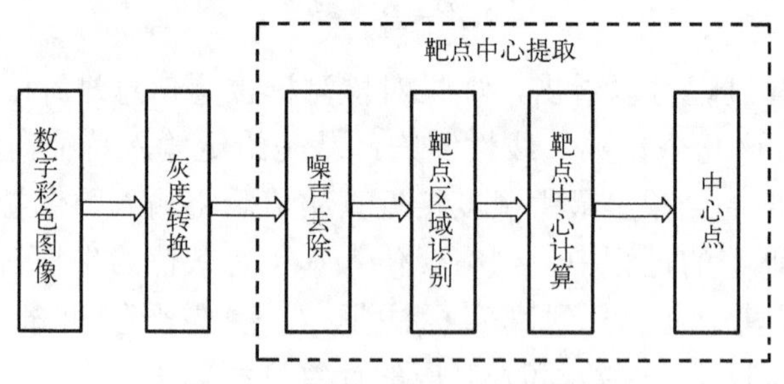

图 2-18　靶点识别方法流程图

1) 灰度转换

彩色嘴部图像的每个像素点都包含三个信息 H、S、V，为降低处理的数据量，将采集的嘴部图像进行灰度化，灰度化后的图像每个像素点只包含灰度信息，其像素值

的范围为 0～255。灰度转换可以改善图像质量，显示更多的细节，提高图像的对比度。

2) 噪声去除

在基于几何特征的嘴部图像识别方面，该方法利用面积与长宽比将嘴部图像与噪声进行区分，嘴部图像面积 S 应满足大于面积阈值下限 $S_{\min}$，且小于面积阈值上限的 $S_{\max}$。长宽比是对象边界矩形的宽度与高度的比值，由于采集的嘴部图像为方形，所以长宽比应在 0.5～1.5 范围。

3) 嘴部区域识别

嘴部区域的识别具有模糊性[14]，即区别嘴部区域与背景像素灰度的差异无明显阈值，某像素点可能同时包含属于嘴部区域与背景的倾向性，这样也就无法用确定性的二值函数对像素点进行判别。所以，嘴部区域识别问题实质上是一个具有模糊特性的聚类问题。该类问题可以使用粗糙 K 均值方法进行优化。将粗糙集引入经典 K 均值方法，将粗糙集中上近似和下近似思想引入，提出了以模糊聚类为依据的粗糙均值聚类方法。

设 $\overline{C}_k$ 和 C_k 分别代表类的上近似和下近似集合，C_k^{B} 代表类 C_k 的边界区域集合，即该类的上近似和下近似的差集，则 C_k 的质心 m_k 根据式 (2-26) 计算

$$m_k = \begin{cases} w_1 \sum\limits_{x_i \in \underline{C_k}} \dfrac{x_i}{\left|\underline{C_k}\right|} + W_b \sum\limits_{x_j \in C_k^{\mathrm{B}}} \dfrac{x_i}{\left|C_k^{\mathrm{B}}\right|}, & C_k^{\mathrm{B}} \neq \varnothing \\ \sum\limits_{x_j \in C_k} \dfrac{x_j}{\left|\underline{C_k}\right|}, & C_k^{\mathrm{B}} = \varnothing \end{cases} \tag{2-26}$$

式中，$|C_k|$ 是类 C_k 中下近似集合的对象个数，$|C_k^{\mathrm{B}}| = |\overline{C}_k - C_k|$ 是类 C_k 的边界区域的对象个数。w_1、w_b 分别为下近似和边界区域的权重值，且 $w_1 + w_b = 1$。

4) 靶点中心计算

嘴部区域识别后，需要估计嘴部区域的中心位置为靶点，第一代咽拭子采样自助机器人采用高斯加权重心法对靶点进行估计，该方法采用灰度值的离散高斯函数进行变化，模拟了大量样本情况下，嘴部区域中心附近各像素点灰度和数量与中心距离的实际情况，即距离中心较近的点，灰度距离与直线距离较近。高斯加权重心法的计算过程为：对于有 $m \times n$ 个像素的图像来说，$F(x, y)$ 表示 (x, y) 处的灰度值，$g(i, j)$ 表示高斯滤波系统，$I(x, y)$ 为经过高斯滤波后的图像数据。其中，$x = 1, \cdots, m$，$y = 1, \cdots, n$，那么

$$x_0 = \frac{\sum\limits_{x=1}^{m} \sum\limits_{y=1}^{n} I(x, y) x}{\sum\limits_{x=1}^{m} \sum\limits_{y=1}^{n} I(x, y)} \tag{2-27}$$

$$y_0 = \frac{\sum_{x=1}^{m}\sum_{y=1}^{n} I(x,y)y}{\sum_{x=1}^{m}\sum_{y=1}^{n} I(x,y)} \tag{2-28}$$

式中

$$I(x,y) = \sum_{i=-k/2}^{k/2}\sum_{j=-k/2}^{k/2} F(x+i, y+j) \times g(i,j) \tag{2-29}$$

5) 区域匹配

为确保被采样人员采样成功，需识别咽拭子棉签头部位置，判断咽拭子棉签头部是否与采样靶点位置重合。第一代咽拭子采样自助机器人采用了一种综合全局和局部特征、基于区域的级联匹配策略，首先对分割区域的全局特征进行快速匹配，其次在快速匹配的结果基础上进行 Affine-SIFT (Affine-Scale Invariant Features Transform) 方法的匹配，并在匹配中利用随机抽样一致性 (Random Sample Consensus，RANSAC) 过滤错误匹配[15]。特征提取是图像匹配的重要环节，采用多尺度分割方法将两幅图像分割，该方法并行工作，能够高效获得图像的细节，便于特征的提取。为防止在区域匹配过程中忽略局部细节间的空间关系，提出了一种级联匹配方法。

(1) 图像的特征提取。

全局区域特征用于两幅图像之间初始区域的有效配准，分割的区域能够克服角度变化引起的几何扭曲问题，结构相似性 (Structural Similarity，SSIM) 是一种衡量两幅图像相似度的方法，SSIM 从图像组成的角度将结构信息定义为独立于亮度、对比度，反映场景中物体结构的属性，并将失真建模为亮度、对比度和结构三个不同因素的组合，即对于给定信号 x 和 y，两者的结构相似性指标定义为

$$\mathrm{SSIM}(x,y) = [l(x,y)]^{\alpha}[c(x,y)]^{\beta}[s(x,y)]^{\gamma} \tag{2-30}$$

$$l(x,y) = \frac{2\mu_x\mu_y + C_1}{\mu_x^2\mu_y^2 + C_1} \tag{2-31}$$

$$c(x,y) = \frac{2\sigma_x\sigma_y + C_2}{\sigma_x^2\sigma_y^2 + C_2} \tag{2-32}$$

$$s(x,y) = \frac{2\sigma_{xy} + C_3}{\sigma_x\sigma_y + C_3} \tag{2-33}$$

式中，$l(x,y)$ 比较亮度，$c(x,y)$ 比较对比度，$s(x,y)$ 比较结构。结构相似性指标的

值越大，两个信号的相似性越高。颜色矩是在颜色直方图的基础上计算出每个颜色通道的均值、方差、偏差，用这些统计量替代颜色的分布来表示颜色特征，具有特征量少、处理简单的特点。

因此，采用上述两种可靠性高、独特性强的方法来综合表征分割区域的全局特征。局部描述子用于准确区分对象之间的匹配区域对，且具有缩放、旋转和平移的不变性。尺度不变特征变换(Scale-Invariant Feature Transform，SIFT)方法是一种基于特征的特征检测方法。SIFT 在特征检测阶段采用高斯差分算子(Difference of Gaussian，DoG)搜索尺度空间上的局部极值点，并以此来确定局部特征的位置和尺度，再通过拟合函数进行位置和尺度的精确定位，同时去除低对比度的特征点和不稳定的边缘响应点。Affine-SIFT 是一种特殊的 SIFT 算符，在 SIFT 的基础上提高了仿射不变性。Affine-SIFT 不仅适合于光照和尺度变化导致图像变化的问题，而且能够抗拒较大的仿射扭曲。同时这种特征还具有较高的分辨能力，有利于后续的匹配。因此，采用 Affine-SIFT 算子作为局部描述子。

(2)级联匹配方法。

一幅图像中提取出来的 Affine-SIFT 局部描述子可能包含很多特征点，具有较高匹配精度的同时，也增大了计算量，从而增加了匹配时间。有些局部描述子忽略了局部细节间的空间关系，不适用于尺度变化较大的匹配图像。为了解决上述问题，提出了一种基于全局和局部特征的级联匹配方法。

级联方法的第一阶段应用全局区域特征进行区域匹配，进而获得候选区域对，以便进行 Affine-SIFT 局部描述子的匹配。该阶段要根据两个不同特征找到所有可能的匹配区域对，并去除所有的不匹配对。首先，计算分割区域的结构相似度和颜色变矩，其次将匹配图像各区域与原图区域进行匹配，定义具有最小欧氏距离颜色不变矩的区域作为邻近域，若区域特征与其邻近域的距离低于阈值 l，则确定初始匹配，即

$$\mathrm{dist}(A,B) < l \tag{2-34}$$

式中，原图中的全局特征 B 是匹配图像中 A 的第一个邻近域。然而，由于全局区域特征的不稳定性，原图与匹配图像的全局区域特征不能准确匹配，故采用次邻近域匹配方法进行初始匹配，即

$$\frac{\mathrm{dist}(A,B)}{\mathrm{dist}(A,C)} < r \tag{2-35}$$

式中，原图中的全局特征 C 是匹配图像中 A 的次邻近域，r 为距离比率阈值。若式(2-34)和式(2-35)均满足，则确定匹配。

通过区域特征快速匹配后得到两幅图像的匹配区域，则可在匹配区域对中进行 Affine-SIFT 局部描述子的匹配。若关键点与其邻域的距离小于阈值 l 且满足式 (2-35)，则实现了初始匹配。若区域对中匹配的局部描述子较少，则认为该区域对不匹配，初始匹配后被丢弃。图像的对称性等因素会导致错误的匹配。因此，引入 RANSAC 方法进行滤波。

RANSAC 方法通过确定数据是否与估算模型相符，将数据分为正确和异常两种，外部数据通常包含错误信息或者有很大误差的信息。假设 w 是选择正确数据的概率，用 n 个相互独立的点估算模型，则 w^n 是 n 个点均为正确数据的概率，$1-w^n$ 是 n 个点中至少有一个点是异常数据的概率。基于成功选项 p 的概率可以计算出采样的预期次数，该计算过程如下

$$1-p=(1-w^n)^k \tag{2-36}$$

将等式两边取对数，可得

$$k=\frac{\log(1-p)}{\log(1-w^n)} \tag{2-37}$$

2.2　第二代咽拭子采样自助机器人

在原有人工采样的基础上，研发了第一代咽拭子采样自助机器人，一定程度上缓解了采样过程中的医疗资源占用现象，降低了因采样聚集造成大面积感染的风险，提高了核酸采样的效率，但还存在着自动化、智能化程度较低的问题。针对一代机中存在的问题，本节在一代机的基础上研制了第二代咽拭子采样自助机器人(以下简称二代机)，试图使核酸采样过程变得更加自动化、智能化。相较一代机，二代机在试管供应装置基础上进行改进，提出一种新的核酸试管自动补充装置，使其自动化程度更高的同时增加了试管的存储容量，并在原试管恒温储存箱基础上改进新增试管自动拧盖机构以及咽拭子自动剪断装置，进一步减少人力的干预，更加自动化、智能化。

咽拭子采样自助二代机一方面在核酸检测辅助设备上安装测温装置，可以及时发现体温异常人员，上报疫情防控指挥部，使发热人员到发热门诊进行核酸检测，避免其在核酸检测人群中摘下口罩进行核酸检测，降低传染风险。另一方面，二代机依据深度学习 YOLO 系列框架识别棉签与腭垂，通过 GAN-元学习进行识别，受到遮挡时的识别效果有明显提高。

2.2.1 结构设计

2.2.1.1 总体结构设计

二代机通过对各核酸采样机器人装置进行集成，减小系统整体的体积，采用一体化自动柜员机外观，主要包括柜台式外壳、视频互动示教装置、主图像采集摄像头、辅助图像采集摄像头、消毒装置、扫码装置、核酸试剂管存储与获取装置、核酸检测棉签剥皮装置和试剂管收集装置。二代机的总体结构如图 2-19 和图 2-20 所示。

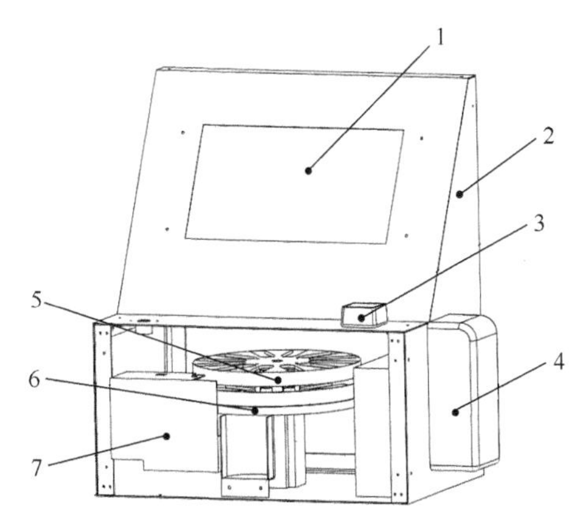

图 2-19　二代咽拭子采样自助设备整体结构图

1-显示屏；2-保护侧壳；3-扫码台；4-消毒装置；
5-可拆卸试剂管储存装置；6-深槽旋转托盘；7-样本收集装置

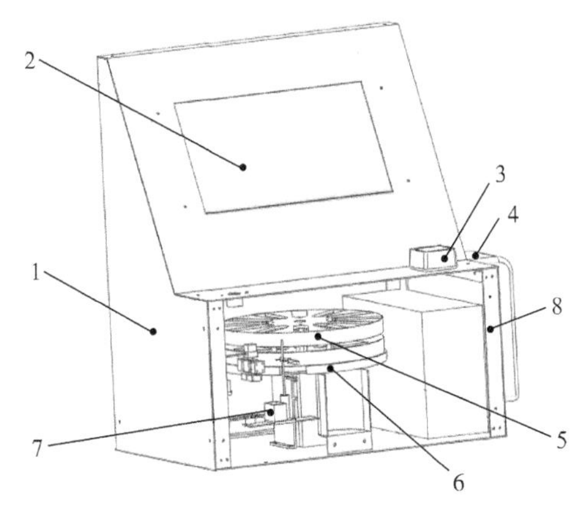

图 2-20　二代咽拭子采样自助设备整体结构侧视图

1-保护侧壳；2-显示屏；3-扫码台；4-消毒装置；5-可拆卸试剂管储存装置；
6-深槽旋转托盘；7-样本收集装置；8-角钢支撑结构

视频互动示教装置的主要功能是为被检测人员提供示教信息；主图像采集摄像头的主要功能是实时采集被检测人员采样动作，为系统的互动示教和采样效果判断提供数据；辅助图像采集摄像头的主要功能是辅助判别核酸检测人员的操作有效性；扫码装置的主要功能是扫取被检测人员二维码信息；消毒设备的主要功能是通过红外识别完成喷洒消毒液；核酸试剂管存储与自动获取装置的主要功能是完成试剂管的自动取出与放回；核酸检测棉签剥皮装置的主要功能是实现辅助被检测人员在出口处获取核酸检测棉签棒；试剂管收集装置的主要功能是辅助被检测人员将采样完成的试剂管通过开口投放入试剂管收集盒内。

1）试剂管自动补充装置

本装置主要包括可拆卸试剂管存储装置、固定驱动架和试剂管推送装置。具体结构如图 2-21 和图 2-22 所示。

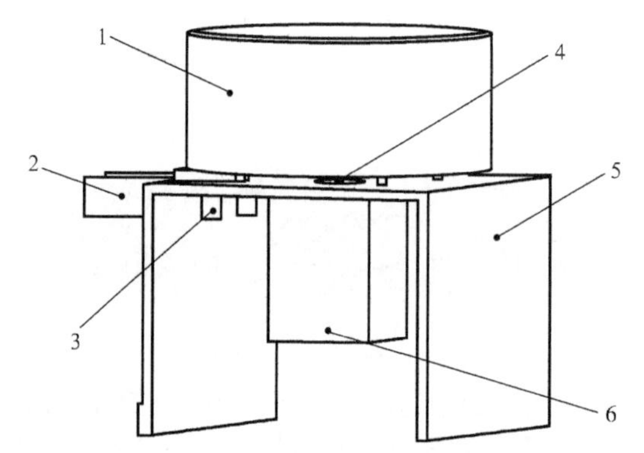

图 2-21　试剂管自动补充装置整体结构主视图

1-可拆卸试剂管存储装置；2-试剂管推送装置；3-推送电机；
4-试剂管储存装置固定柱；5-U 型固定架；6-驱动电机

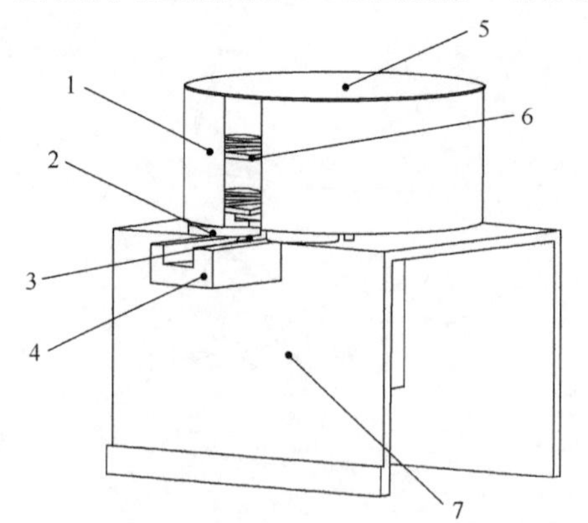

图 2-22　试剂管自动补充装置整体结构侧视图

1-可拆卸试剂管储存装置；2-推送盘；3-红外感应装置；4-推送轨道；
5-上盖；6-深槽旋转圆盘；7-固定驱动架

可拆卸试剂管存储装置主要包括圆柱形外壳、螺纹轨道盘、深槽旋转圆盘。以中轴线为中心，圆柱形外壳、螺纹轨道盘、深槽旋转圆盘从下往上顺序排列，由中部空心轴连接，主要用于试管的储存和试管的转移。深槽旋转圆盘由两个单独的深槽圆盘和四个连接支撑柱组成，支撑柱将深槽圆盘对称连接。具体结构如图 2-23 所示。螺纹轨道盘固定在圆柱形外壳内部底面，与圆柱形外壳一体，螺纹轨道外侧终点为连接圆柱形外壳侧壁开口。当可拆卸试剂管存储装置安装放置在固定驱动架上时，深槽旋转圆盘与驱动电机相连接，驱动电机带动其转动。具体结构如图 2-24 所示。深槽旋转圆盘转动的同时推动槽内放置的核酸试剂管顺着螺纹轨道移动。

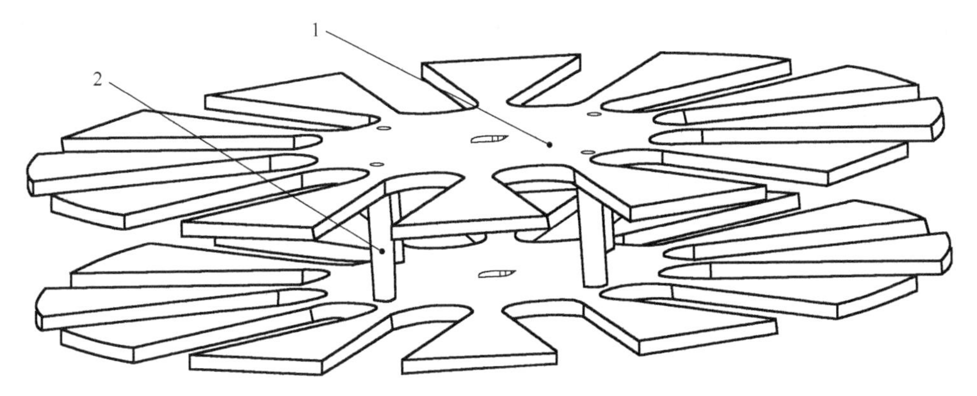

图 2-23　深槽旋转圆盘结构图

1-深槽圆盘；2-支撑柱

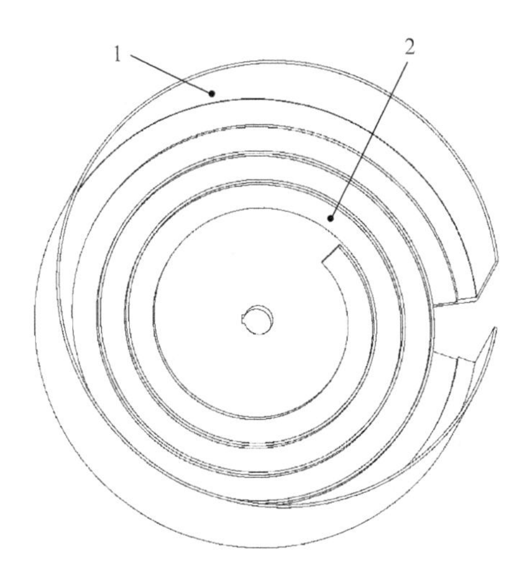

图 2-24　螺纹轨道盘结构图

1-圆柱形外壳；2-螺纹轨道盘

固定驱动架主要包括U型固定架、试剂管存储装置固定柱和驱动电机，主要用于整个核酸试剂管自动补充装置的支撑和旋转圆盘的驱动。U型固定架为整个核酸试剂管自动补充装置的基础支架，主要完成固定电机、试剂管存储装置和试剂管推送装置。试剂管存储装置固定柱共有四个，通过嵌入试剂管存储装置外壳底部凹槽，将试剂管存储装置固定在装置固定支架上。驱动电机固定在装置固定支架上，为试剂管存储装置内部深槽旋转圆盘提供转动动力。

试剂管推送装置主要包括推送电机、推送转盘、红外感应装置和推送导轨，主要用于将试管从实际存储装置内推出。推送电机固定在U型固定架内部靠近侧边位置，穿过U型固定架连接推送转盘，主要用于为推送导轨提供动力。推送导轨位于U型固定侧壁顶部，主要用于承接从试剂管存储装置内送出的试剂管。红外感应装置位于U型固定架与推送导轨的连接处，主要用于感应是否有试剂管从试剂管存储装置内被送出。

2)咽拭子收集装置

本装置包括咽拭子棉签夹断装置、分离处置装置。咽拭子收集装置如图2-25所示。

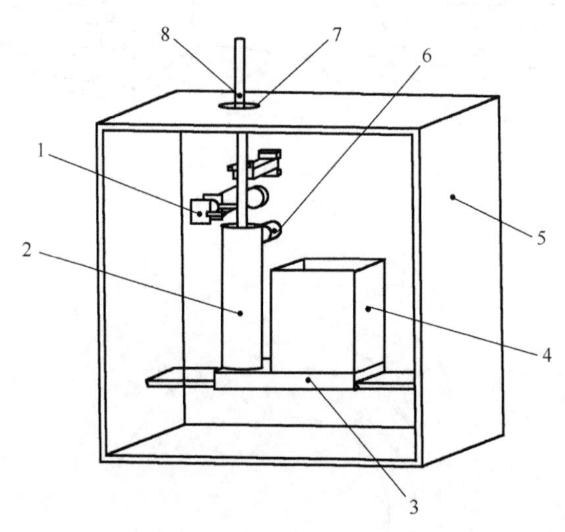

图2-25　咽拭子收集装置

1-棉签夹断装置；2-咽拭子样本留存模具；3-承载板；4-棉签医疗废物处置模具；5-核酸检测机器人箱体；6-棉签检测装置；7-咽拭子留样口；8-咽拭子棉签

咽拭子棉签夹断装置设置在分离处置装置的上方。咽拭子棉签夹断装置主要包括棉签检测装置、棉签夹具、棉签剪切装置、伸缩杆和剪切舵机。咽拭子棉签夹断装置如图2-26所示。

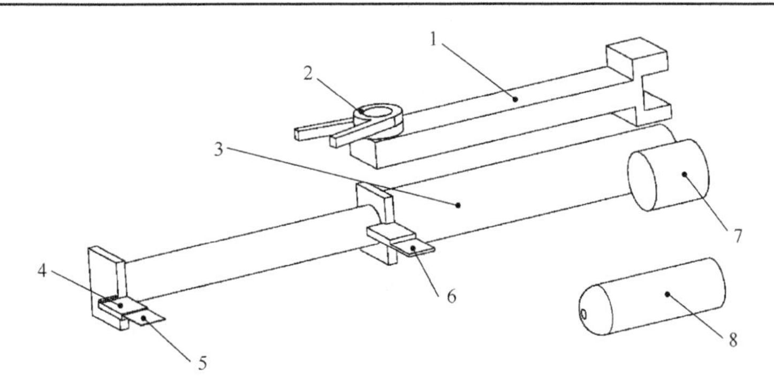

图 2-26　咽拭子棉签夹断装置

1-夹具连杆；2-夹爪；3-伸缩杆；4-刀片固定板；5-可伸缩剪切刀片；
6-刀片挡板；7-剪切舵机；8-棉签检测装置

棉签检测装置设置在核酸检测机器人箱体内壁面，主要用于检测有无咽拭子棉签进入并对咽拭子样本进行计数；棉签夹具主要包括夹具连杆和夹爪，主要用于固定咽拭子棉签；棉签剪切装置主要包括可伸缩剪切刀片、刀片固定板和刀片挡板，可伸缩剪切刀片内嵌在刀片固定板内，刀片挡板与可伸缩剪切刀片位于同一水平面，主要用于咽拭子的剪切；伸缩杆设置在咽拭子采样自助机器人箱体内壁面，可伸缩剪切刀片和刀片固定板设置在伸缩杆的内杆上，刀片挡板固定在伸缩杆的外杆上，主要用于可伸缩剪切刀片、刀片固定板的轴向移动；剪切舵机通过固定支架固定在咽拭子采样自助机器人箱体内壁面，主要用于驱动棉签剪切装置和伸缩杆。

分离处置装置主要包括承载板、棉签分离装置和移动导轨，其中承载板包括核酸检测机器人箱体内部的承载移动块，承载移动块设置在移动滑轨上表面。分离处置装置如图 2-27 所示。

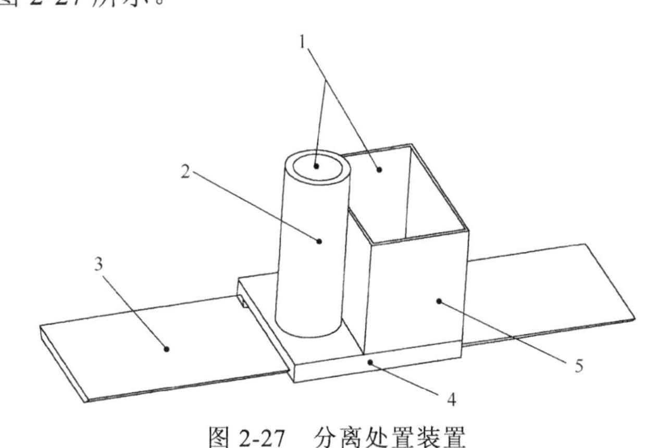

图 2-27　分离处置装置

1-棉签分离装置；2-咽拭子留样模具；3-移动导轨；4-承载板；5-棉签医疗废物处置模具

棉签分离装置主要包括在同一水平面上的咽拭子样本留存模具和棉签医疗废

物处置模具；咽拭子样本留存模具主要包括储存咽拭子样本的核酸采样管，核酸采样管设置在承载移动块的上表面，主要用于咽拭子样本的放置和存储；棉签医疗废物处置模具主要包括处理棉签尾部的小型医疗废物处理箱，小型医疗废物处理箱位于承载移动块的上表面，主要用于处理棉签医疗废物的放置。

3) 试管拧盖装置

试管拧盖装置主要包括试管盖夹持旋转装置、升降装置和管体夹持装置。试管拧盖装置如图 2-28 所示。

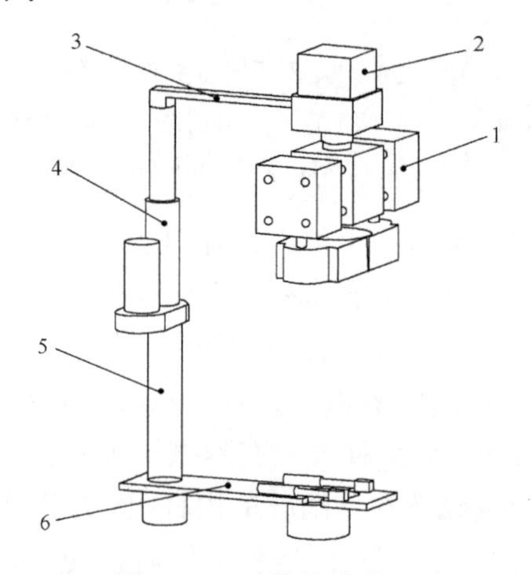

图 2-28　试管拧盖装置

1-试管夹持旋转装置；2-驱动机构；3-摆臂；4-升降装置；5-旋转装置；6-管体夹持装置

试管盖夹持旋转装置设置在升降装置上，主要包括在水平面内转动设置的伸缩机构及驱动伸缩机构转动的驱动机构，主要用于试管盖的开合。试管盖夹持旋转装置如图 2-29 所示。

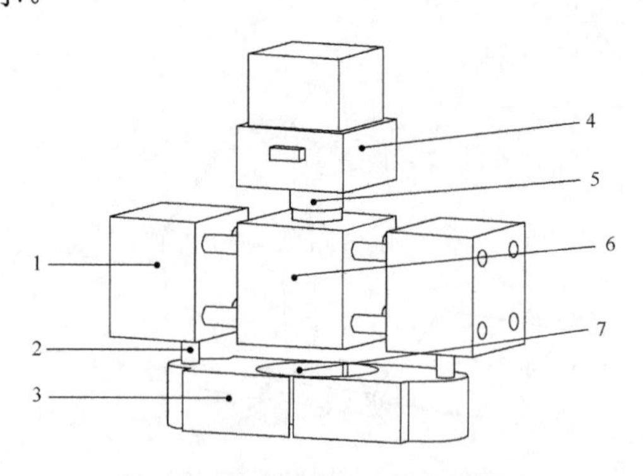

图 2-29　试管盖夹持旋转装置

1-伸缩块；2-导杆；3-夹块；4-驱动机构；5-气动滑块；6-伸缩机构；7-内弧形面

在伸缩机构上相对的两侧均设置伸缩块，在伸缩块的底部均固设置竖向的导杆，在导杆上滑动设置夹块，在夹块上设置用于夹持试管盖的内弧形面，分别位于伸缩机构两侧的两个夹块的内弧形面相向设置，两个夹块的内弧形面之间形成用于夹持固定试管盖的夹持间隙。试管盖夹持旋转装置和升降装置分别固设在摆臂的两端，升降装置固设在可带动其转动的旋转装置上，旋转装置、试管盖夹持旋转装置和升降装置均与控制器电连接。管体夹持装置主要包括固定设置的水平底板，第二伸缩机构和试管夹板，主要完成试管的固定。管体夹持装置如图 2-30 所示。

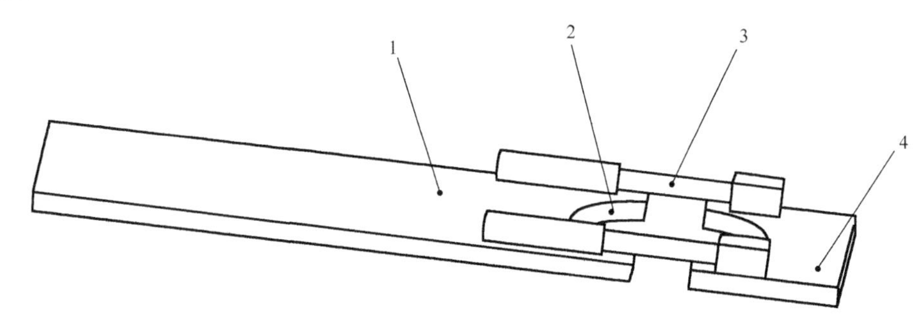

图 2-30　管体夹持装置

1-水平底板；2-试管夹持槽；3-第二伸缩机构；4-试管夹板

水平底板的右侧与试管盖夹持旋转装置上下对应，在水平底板的右侧侧边上对接有试管夹板，试管夹板和水平底板之间形成试管夹持槽，在水平底板上对应试管夹板的位置设置有第二伸缩机构，试管夹板与第二伸缩机构联动并远离或靠近水平底板的右侧侧边。第二伸缩机构包括两个伸缩缸，两个伸缩缸的缸体固定连接在水平底板上，伸缩缸的伸缩杆前端固定连接在试管夹板上，两个伸缩缸的伸缩杆分别位于试管夹持槽的两侧。伸缩机构为伸缩气缸，伸缩气缸的缸体转动安装在气动滑环上。

2.2.1.2　参数分析

考虑到本机构主要受试管碰撞摩擦和电机运动产生的冲击载荷影响，为防止在机构运转过程中零件发生不可逆的变形甚至断裂，深槽圆盘与螺纹轨道盘需选取强度硬度较高的材料，本节计算出所需的材料参数如下：

深槽圆盘材料选取韧性较好的普通碳素结构钢 Q235，螺纹轨道盘选取硬度更高更耐磨的普通碳素结构钢 Q295。Q235 和 Q295 普通碳素结构钢的机械强度较高，塑性、韧性好及加工等综合性能好，而且冶炼方便、焊接性能较好、成本较低、加工工艺比较成熟，方便后续加工和改进。正确设定惯量比参数是充分发挥机械及伺服系统最佳效能的前提，这一点在要求高速高精度的系统上表现尤为突出，伺服系统参数的调整跟惯量比有很大的关系。

若负载电机惯量比过大，伺服参数调整越趋边缘化，也越难调整，振动抑制能力也越差，所以控制易变得不稳定，在没有自适应调整的情况下，伺服系统的默认参数设置为1～3倍负载电机惯量比，系统会达到最佳工作状态。

对于惯量匹配问题，如果电机惯量和负载惯量不匹配，就会出现电机惯量和负载惯量之间动量传递时发生较大的冲击。最大转矩影响驱动电机的加减速时间常数，使用式(2-1)和式(2-2)，估算线性加减速时间常数t_a，根据式(2-1)和式(2-2)确定所需的电机最大转矩，选定电机容量。

根据以上计算得出，二代机选取大约100W低功率伺服电机，可将电信号通过伺服电机控制转盘工作实现试管的供给自动化。此伺服电机功率不宜过小。对于电机来说，长期过载，容易发热造成损坏，甚至电机烧毁伺服电机，选择低功率伺服电机有利于其输出功率得到充分利用，同时有利于降低设备成本，且设备运营成本也能降低。

咽拭子采样自助二代机试管夹持装置选用平行气动夹爪，选用微型气泵来为气动夹爪提供动力，平行夹爪通过两个活塞的作用来实现夹持功能。其中气动增压泵速度比普通液压设备灵敏度高，比气压传动稳定，控制方式与一般的双作用气缸相同，用一个两用五通阀即可实现全部控制，国内气泵方面的技术较为成熟，满足咽拭子采样自助机器人需求。

1）气动夹爪参数匹配

气动夹爪的参数选择缸径32mm，进气孔M5×0.8，开闭行程22mm，内径夹持力104N，完全适用于咽拭子采样自助机器人。根据试管的重量计算出夹爪所需要的夹持力。计算过程如下

$$F_G = \mu \times m \times (g + a) \times S(N) \tag{2-38}$$

式中，m为工件质量，单位为kg；g为重力加速度，取9.8m/s；a为动态运动时产生的加速度，单位为m/s；S为安全系数，通常取4；μ为气动夹爪与工件之间的摩擦系数。

2）小型气泵参数匹配

咽拭子采样自助二代机采用的气泵要与选取的平行气动夹爪匹配，总抽气量Q计算过程如下

$$Q = Q_1 + Q_2 + Q_3 \tag{2-39}$$

式中，Q为总抽气量，单位为kg/h；Q_1为真空系统工作过程中产生的气体量，单位为kg/h；Q_2为真空系统的放气量，单位为kg/h；Q_3为真空系统总泄漏量，单

位为 kg/h；真空系统的抽气速率 S_e 的计算过程如下

$$S_e = \frac{Q \times R \times (273 + T_s)}{P_s \times M} \tag{2-40}$$

式中，R 为通用气体常数，R=8.31kJ/(kmol·K)；T_s 为抽出气体的温度，单位为℃；P_s 为真空系统的工作压力，单位为 kPa；M 为抽出气体的平均分子量；S_e 为真空系统的抽气速率，单位为 m^3/h。

间歇操作系统为

$$S_e = \frac{138V}{t} \times \frac{\lg\left(\dfrac{P_1}{P_2}\right) m^3}{h} \tag{2-41}$$

规定条件下的抽气速率 S_e' 按照式(2-42)计算

$$S_e' = \frac{S_e \times (273 + [T_s])}{273 + T_s} \tag{2-42}$$

式中，$[T_s]$ 为泵标准进气温度。

经计算得出，$S>30\%S_e'$，此型号的微型气泵符合工作要求。

咽拭子采样自助二代机选用滚动体直线导轨，滚动体与圆弧沟槽相接触，与点接触相比承载能力大，刚性好。其摩擦因素小，一般为 0.002～0.005，仅为滑动导轨的 1/20～1/30，节省动力可以承受上下左右四个方向的载荷。动、静摩擦差别很小。磨损小，寿命长，安装、维护、润滑简便。运动灵活，无冲击，在低速微量进给时，能很好地控制位置尺寸，不会发生空转打滑，并能实现超微米级精度的进给。

滚动功能部件的主要失效形式是滚动元件与滚道的疲劳点蚀与塑性变形，其相应的计算准则为寿命(或动载荷)计算和静载荷计算。某些滚动功能部件还具有滚动体循环装置，循环装置的失效主要靠正确地制造、安装与使用维护来避免。

动载荷 C 的计算过程为

$$C = \frac{f_w P_c}{f_H f_T f_C} \sqrt[3]{\frac{L}{50}} \tag{2-43}$$

式中，C 为基本额定动载荷，单位为 N；P_c 为垂直于运动方向的载荷；f_H 为硬度系数，一般取值 1，f_T 为温度系数，f_C 为接触系数，f_w 为载荷系数。

滚动体额定寿命 L 为

$$L = \frac{I \times n \times L_h}{8.3} \tag{2-44}$$

式中，L为设计总寿命行程，单位为km；l为工作行程，即轨道长度，单位为m；n为每分钟往返次数，单位为次/min。

因为工作要求运行速度不高，综合使用环境，二代机选择功率在50W左右的一般滑动导轨，因其零件的标准化有利于进行后续的维修与改进，有利于获得较高的工作效率，也有利于降低消耗、节约成本。采用一般滑动导轨不仅可以满足设备要求，而且更加可靠、廉价，也方便操作和使用。

2.2.1.3 结构运行流程

1) 试剂管存储与自动获取装置

试剂管存储与自动获取装置，包括核酸试剂管移动推盘、核酸试剂管移动螺旋轨道盘、转动驱动电机、电机固定支架和试管获取槽。

核酸试剂管移动推盘，由两个具有一定数量试管槽的圆盘通过中部支撑柱连接构成，主要为槽内排布的试剂管移动提供推力。核酸试剂管移动螺旋轨道盘位于核酸试剂管移动推盘下方的电机固定支架上，圆心空心轴便于转动，驱动电机穿过核酸试剂管移动推盘连接承托试剂管，并提供试剂管转动的轨道。转动驱动电机固定在电机固定支架上，电机头穿过核酸试剂管移动螺旋轨道盘空心轴与核酸试剂管移动推盘固定连接，主要为核酸试剂管移动推盘转动提供动力。试管获取槽位于核酸试剂管移动螺旋轨道盘螺旋轨道终点缺口处，承接从核酸试剂管移动螺旋轨道盘推出的试剂管，以便被检测人员拿取。

在被检测人员检测开始时，驱动电机转动固定角度，通过驱动电机的转动可以带动深槽旋转圆盘转动。从而推动试剂管存储装置内部填装的试剂管顺着底部螺旋轨道盘的轨道移动，位于最外侧螺旋轨道的试剂管会被推至出口，从圆柱形外壳底部缺口下落。调节深槽旋转圆盘转动的角度可以控制试剂管从试剂管存储装置内按需放出，推送导轨接收从试剂管存储装置中推送落下的试剂管，红外感应装置感应到有试剂管落到推送导轨上，启动推送导轨两侧推送电机，带动推送转盘转动。两个高速转动的推送转盘将试剂管从落下位置推送至需要获取试剂管的位置点。试剂管从存储装置中放出后，通过试剂管推送装置将试剂管从存储装置出口处推送到固定位置待使用。

2) 咽拭子收集装置

将咽拭子样本留存模具上的核酸采样管打开，核酸采样管置于咽拭子留样口的下方。被检测人员对自己进行核酸咽拭子样本采集后，将咽拭子棉签竖直插入咽拭子留样口。咽拭子棉签的头部朝下，尾部朝上。当棉签检测装置检测到咽拭子棉签进入时，咽拭子采样自助机器人咽拭子棉签夹断装置中的棉签夹具通过夹爪将咽拭子棉签夹住。咽拭子棉签被夹住后，咽拭子采样自助机器人咽拭子棉签夹断装置中的棉签剪切装置和剪切舵机接收工作信号。棉签剪切装置的可伸缩剪切刀片从刀片固定板内伸出，同时剪切舵机带动伸缩杆，调节伸缩杆上可伸缩剪切刀片与刀片挡板的距离，进而实现对咽拭子棉签的剪切。

咽拭子棉签夹断装置中的棉签剪切装置将咽拭子棉签夹断后，分离处置装置中的棉签分离装置通过咽拭子样本留存模具上的核酸采样管对具有咽拭子样本的棉签头进行收集。咽拭子样本收集完成后，分离处置装置的移动滑轨将棉签医疗废物处置模具的棉签医疗废物处理箱移动至咽拭子留样口的下方，棉签夹具的夹爪松开棉签尾部，使其落入棉签医疗废物处理箱内。棉签医疗废物收集完成后，分离处置装置复位，分离处置装置的移动滑轨将咽拭子样本留存模具的核酸采样管移动至咽拭子留样口的下方。

3)拧试管装置

当试管移动至二代机下方时，气泵为管体夹持装置通过提供动力，第二伸缩机构收缩，试管夹板将竖向的试管固定在试管夹持槽内，电机驱动升降装置下降，带动试管盖夹持旋转装置向下移动，使试管盖夹持旋转装置的夹块位于试管盖的两侧。通过控制气泵为伸缩机构提供动力，伸缩机构两侧的伸缩块向中心收拢，从而使夹块夹持住试管盖，而后驱动机构带动伸缩机构旋转，从而使夹块旋拧试管盖。然后电机驱动升降装置，将试管盖夹持旋转装置中的试管盖与试管分离，电机驱动旋转装置，使得试管盖夹持旋转装置跟随摆臂摆动，进而使打开后的试管盖移动至试管瓶的一侧，待咽拭子掉入试管中，旋转装置重新将试管夹持旋转装置移动至试管上方，电机驱动伸缩机构将试管夹持旋转装置移至试管口，使试管盖与试管口相接触，之后驱动机构使夹块旋转，将试管盖和试管旋合。

2.2.2　功能分析

2.2.2.1　主要功能

二代机系统主要包括柜台式外壳、信息采集子系统、视频互动示教子系统、消毒子系统、试管存储供应子系统、棉签剥皮子系统、棉签头剪切子系统、试管收集存储子系统、采样有效性判别子系统，如图2-31所示。

信息采集子系统用于识别被采样人员的核酸采样预约码，获取被采样人员的身份信息；视频互动示教子系统用于显示被采样人员基本信息以及在采样过程中的图示引导；消毒子系统用于在核酸采样前对手部进行消毒；采样有效性判别子系统用于处理咽拭子在口腔采样过程中的视频流信息，判断咽拭子与口腔采样位置区域匹配情况；棉签剥皮子系统用于在采样开始前棉签的外包装的剥离；棉签头剪切子系统用于采样结束后棉签头的剪切；试管存储供应子系统用于核酸采样

图 2-31　咽拭子采样自助设备第二代工程样机

前试管的存储以及采样时试管的供应；试管收集存储子系统用于核酸采样结束后核酸试管的收集与存储。

2.2.2.2　二代机采样流程

1）被检测人员身份信息验证

被检测人员将预约好的核酸检测二维码放在扫码装置上方进行扫描识别，如图 2-32 所示，扫码装置位于二代咽拭子采样自助设备前方操作台右侧位置，扫码口竖直向上，核酸采样机器人自助采样系统设备提示扫码成功，信息录入系统，与核酸检测试剂管绑定。

图 2-32　身份信息验证

2)被检测人员手部消毒

在被检测人员扫过核酸检测预约码后，二代核酸采样机器人自助采样系统通过屏幕和语音提示人员使用消毒设备对双手进行消毒，如图2-33所示，消毒装置可通过红外识别喷洒消毒液。当被检测人员将双手放在感应区，消毒装置感应喷出消毒液，被检测人员可按照二代机屏幕示教信息和语音提示信息进行双手的消毒操作。

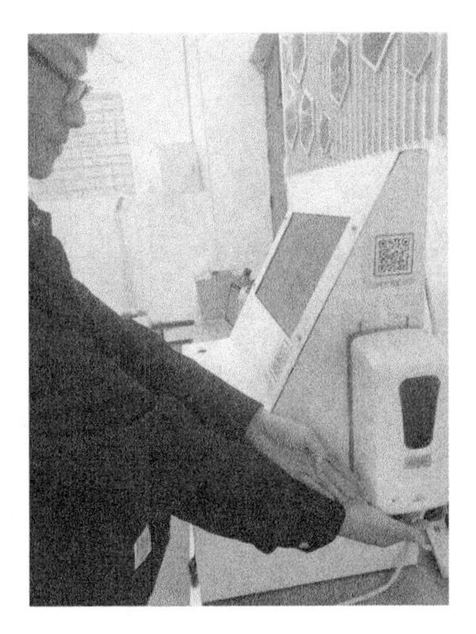

图2-33 手部消毒

3)被检测人员取试管和棉签

进行过手部消毒之后，机器会自动弹出棉签和试剂管，被检测人员从机器下方取出棉签与试管进行自助核酸检测，如图2-34所示。

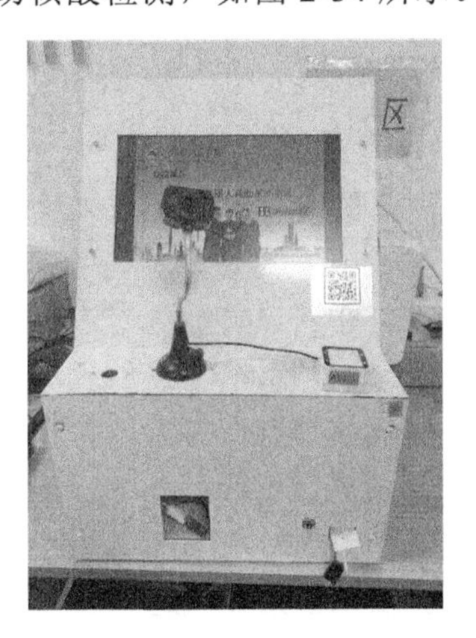

图2-34 设备弹出棉签与试管

4）被检测人员进行采样

根据语音提示张大嘴巴，设备检测到腭垂及咽后壁会生成一个红色标记，检测者听取语音提示，将棉签斜放入口腔内(手不能挡到摄像头识别棉签及口腔)，依次放到靶点位置，每个靶点通过会有语音提示，当有两个靶点都通过时会提示采样通过，之后将棉签头插进棉签剪头机处，棉签剪头机会将棉签头折断到试管中，试管拧盖机拧上试管盖，检测结束，如图 2-35 所示。

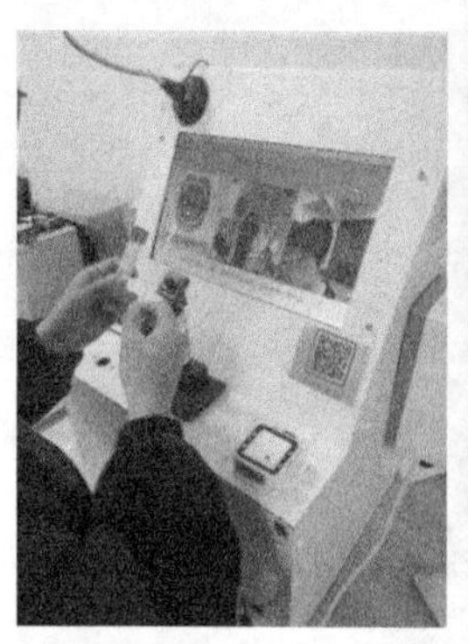
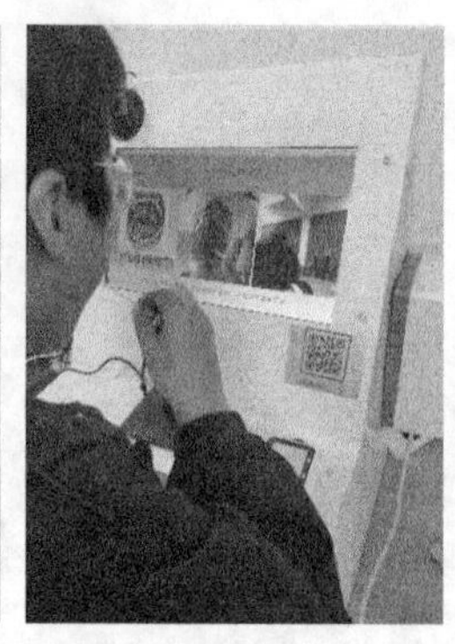
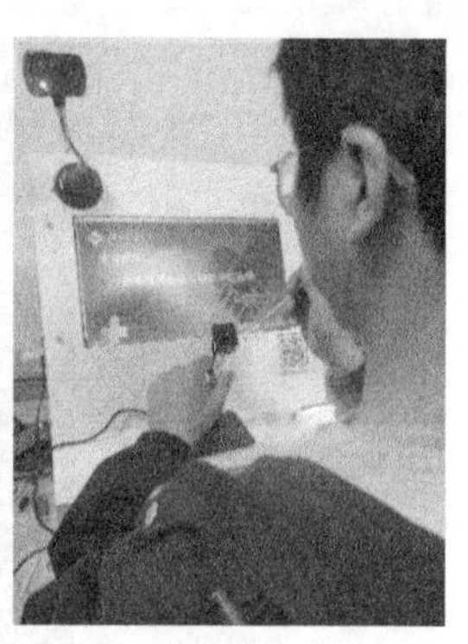

图 2-35　扫试管码、采样、取样流程

2.2.3　关键技术

2.2.3.1　识别方法流程

在被采样人员进行咽拭子采样时，通过对被采样人员口腔内悬雍垂自动识别，将悬雍垂位置框出并显示在示教屏上，引导被采样人员能准确擦拭，判断被采样人员手中棉签头部位置是否与悬雍垂位置重合，并通过对位置信息优化以判断采样是否成功。

具体流程如下：

被检测人员进行采样时，摄像头实时采集被采样人员的口腔视频数据，基于 RGB 与灰度图像的双流编码融合显著性检测方法实现悬雍垂自动识别，在显示器的画面中标识出覆盖悬雍垂的目标框。被检测者进行核酸采样时，张大嘴巴将悬雍垂露出，设备识别到悬雍垂，在显示器上以红色标记标识出目标框。被检测人员手拿棉签使棉签头部向目标框中的点位靠近，基于 YOLOv4 网络结构检测到棉签，设备会在显示器画面上生成一个点状黄色标识，便于检测者视觉观察。基于 GAN-元学习方法使识别更准确，当棉签头部和咽拭子采样靶点在口腔内的深度在设定阈值范围内，同时头部和咽拭子采样轨迹重合，则判定咽拭子棉签在咽拭子采样靶点上擦拭成功，则认为该咽拭子采样靶点采样成功。

2.2.3.2　基于 YOLOv4 网络结构的棉签动态捕捉方法设计

在自主研发的第一代咽拭子采样自助机器人基础上，研发了第二代咽拭子采样自助机器人。二代机通过目标检测方法来判断自助核酸检测人员的采样的准确性和有效性。因此二代机采用 YOLOv4 卷积网络优化识别效果。

1）搭建 YOLOv4 网络结构

针对棉签目标识别难的问题，本节提出了一种基于 YOLOv4 网络结构的棉签识别方法[16-19]。YOLO 将目标检测转换为一个回归问题，在模型中分类和边框回归同时进行，也被称为一阶段检测。一阶段相对于二阶段检测网络结构更简单，识别更快，YOLOv1 到 YOLOv4，每一代的提升都与骨干网络的改进密切相关，YOLOv4 在检测速度和精度上实现了最佳平衡，因此选择搭建 YOLOv4 网络结构，YOLOv4 网络结构如图 2-36 所示。

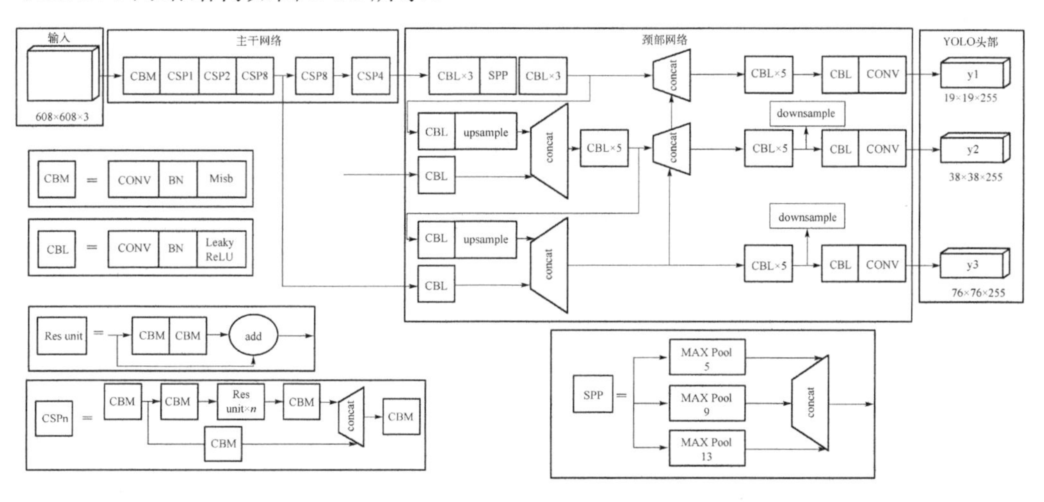

图 2-36　YOLOv4 网络结构图

YOLOv4 将数据集中的图像按照分辨率为 416×416、512×512 和 608×608 输入，高分辨率的输入图像有利于提高检测精度，经主干网络提取特征后由全连接层映射到一个张量。

该张量的维度表达式如下

$$W = S \times S \times (B \times 5 + C) \tag{2-45}$$

式中，W 为维度，S 为划分网格数，B 为每个网格负责目标个数，C 为类别个数，$S \times S$ 为网格数，每个边界框需要预测 5 个变量，分别为边界框的坐标 (x, y)，边界框的宽 w、高 h 以及置信度。置信度得分表达式如下

$$\text{Confidence} = P(\text{Object}) \times \text{IoU}_{\text{pred}}^{\text{truth}} \tag{2-46}$$

式中，P为预测出C个条件类别概率，IoU为重叠度。

2）基于K均值聚类方法（K-Means Clustering Algorithm，K-Means）的YOLOv4网络优化设计

棉签检测采用K均值方法，将目标的全部锚框尺寸进行聚类，纠正因YOLOv4模型默认的锚框无法与检测目标较好匹配的缺点，以此提升检测结果的精确性。根据设置好的k个类锚框作为初始中心，从棉签目标的锚框中随机抽选一个作为初始锚框，从k个类中依次找出与其锚框满足阈值要求的锚框尺寸，并将其归为同一类。重新计算每一类的中心，重复步骤直至没有新的聚类中心。具体过程如下

$$d=\sqrt{(a_k-a_n)^2+(b_k-b_n)} \tag{2-47}$$

式中，a_k、b_k为设定好的k类锚框尺，a_n、b_n为目标锚框尺寸数据，d为聚类中心与其他锚框尺寸的欧氏距离。

$$A_k=\sum\frac{a_k+a_i}{m} \tag{2-48}$$

$$B_k=\sum\frac{b_k+b_i}{m} \tag{2-49}$$

式中，A_k、B_k为重新聚类的k类锚框尺寸，a_i、b_i为聚类在一类的锚框尺寸，m为该类别的锚框总个数。

3）损失函数

通过YOLOv4网络对标记完成的数据集进行训练，训练基于CPU进行，传统的目标检测模型在进行边界框回归时，根据预测框和真实框的中心点坐标以及宽高信息设定均方误差（Mean Square Error，MSE）损失函数，MSE损失函数将检测框的中心点坐标和宽高信息作为独立变量对待，检测框的中心点和宽高具有一定关系，所以YOLOv4选用CIOU_Loss作为目标边界框的损失函数。损失函数可以表示为

$$L_{\text{CIOU}}=1-\text{IoU}+\frac{d^2}{c^2}+\alpha\times v \tag{2-50}$$

$$\alpha=\frac{v}{(1-\text{IoU})+v} \tag{2-51}$$

$$v=\frac{4}{\pi^2}\left(\arctan\frac{w^{\text{gt}}}{h^{\text{gt}}}-\arctan\frac{w}{h}\right)^2 \tag{2-52}$$

式中，d表示计算两个中心点之间的欧氏距离，c表示最小包围框的对角线距离。

该损失函数没有解决在检测框不重叠情况时出现的梯度问题。针对复杂场景

下遮挡较为严重导致的检测框重叠的问题，采用 GIOU_Loss 作为目标边界框的损失函数，具体计算过程如下

$$L_{\mathrm{GIOU}}=1-\mathrm{IoU}(A,B)+\frac{|C-A\cup B|}{|C|} \tag{2-53}$$

式中，A 为预测框，B 为真实框，C 为 A 和 B 的最小包围框。GIOU 首先增大预测框的大小，使得预测框能够与真实框有所重叠，替换后的损失函数可以缓解检测框不重叠时出现的梯度问题。

对于棉签检测，采用基于 YOLOv4 的卷积神经网络方法，对输入的图像使用 K 均值方法得到最佳的锚框比例，以及通过用 CIOU_Loss 作为目标边界框的损失从而解决出现的梯度问题。

2.2.3.3 悬雍垂自动识别

现有的模型网络编码时只利用 RGB 图像，使得一些特征信息难以区分，导致预测图像中显著物体的边缘不够清晰、内部显示不均匀、轮廓预测不准确，针对上述难点，提出了一种基于 RGB 与灰度图像的双流编码融合显著性检测方法实现悬雍垂自动识别。

1) 基于 RGB 与灰度图像的双流编码融合显著性检测方法

显著性物体检测(Salient Object Detection，SOD)旨在突出显示场景中人类视觉最关注的物体或区域[20]，在计算机视觉中有着十分广泛的应用，包括图像分割、图像检索、物体检测、视觉跟踪、图像压缩、场景分类等。传统方法主要依靠手工制作的低级特征如颜色、形状、纹理特征和启发式先验如中心先验、背景先验等，由于缺乏高级的语义信息导致检测结果不理想。

卷积神经网络(Convolutional Neural Networks，CNN)自 2012 年以来，在图像分类和图像检测等方面取得了巨大的成就，尤其是全卷积网络(Fully Convolutional Networks，FCN)获得了广泛的应用，基于 FCN 的方法极大提升了 SOD 的性能。其中大部分方法使用 RGB 图像进行显著性预测，近年来又有一些方法利用 RGB 图像与深度图像共同进行显著性预测(RGB-D)，RDB-D 的显著性检测方法有效提升了预测图像的质量。然而，RGB-D 的显著性检测方法需要 RGB 图像和其深度图来配合输入进行预测，尽管拥有高质量的预测结果，但是由于深度图获取代价较大，多数设备搭载深度相机成本过高，这类方法的应用场景目前并不广泛。

基于 RGB 与灰度图像的双流编码融合显著性检测方法，包括双流编码器与多尺度解码器，同时考虑到 RGB 特征与灰度图特征的各自优点进行融合，设计了一种编码融合模块和特征融合模块；同时又考虑到显著图像中显著物体尺寸大小不一的问题，解码时采用多尺度的侧输出融合，因此该方法能更好地优化显著性

图像的边缘部分，更均匀地突出显著性物体，并且在显著物体背景复杂的情况下提取更多的显著特征。

2）边缘注意力增强模块

从 DUTS-TR 数据集中获得人口腔内的 RGB 图像和 RGB 图像对应的真值图，并对 RGB 图像进行处理，生成 RGB 图像对应的灰度图像[21]，具体过程如下

$$\text{Gray} = r \times 0.299 + g \times 0.587 + b \times 0.114 \tag{2-54}$$

式中，Gray 为灰度图像，r 为 RGB 图像的红色通道像素值，g 为 RGB 图像的绿色通道像素值，b 为 RGB 图像的蓝色通道像素值。

使用编码器提取带有 RGB 和深度特征的模块，对初始图像预处理得到边缘特征图，引入边缘注意力增强模块进行特征提取和空间变换，利用边缘注意力指导生成显著图。边缘注意力模块使用 Sigmoid 函数使图像趋于平滑，更容易观察到口腔内的悬雍垂。具体计算过程为

$$F^S(f) = S(c(C(\text{Max}(f), \text{Avg}(f)))) \tag{2-55}$$

式中，S 为 Sigmoid 激活函数，c 为卷积操作，C 为通道合并操作，Max 和 Avg 分别为最大池化和平均池化操作。

在传统的空间注意力机制中引入边缘信息进行特征增强，首先将边缘特征 X_i^F 分别同 RGB 特征和深度特征进行特征元素乘操作，作为注意力模块的通道输入，进行最大池化、平均池化和 Softmax 操作，最后对边缘特征与增强后的特征进行元素加操作得到最后的边缘注意力感知特征 $F_{\text{Att}}^{E,i}$。计算过程为

$$F_{\text{Att}}^{E,i}(X_i^F, f_i^R) = S(\text{Max}(X_i^F, f_i^R), \text{Avg}(X_i^F, f_i^R)) \oplus X_i^F \tag{2-56}$$

式中，S 为 Sigmoid 激活函数，Max 和 Avg 分别为最大池化和平均池化操作。

平均池化操作是在卷积过程中对像素矩阵进行平均值计算，可以减少口腔图像像素在相邻区域中由尺寸限制而导致估计值方差变化造成的误差，而对比度操作是去除自身池化特征，剔除了更多的前景信息，可以有效利用剩下的背景信息，更准确地检测显著物体。具体过程如下

$$F_{\text{con}}^{E,i} = F_{\text{Att}}^{E,i} - \text{Avg}(F_{\text{Att}}^{E,i}) \tag{2-57}$$

对得到的人口腔内的灰度图像进行复制合并得到三通道灰度图，将三通道灰度图和 RGB 图像分别输入编码器网络，得到多尺度特征图，灰度图转为三通道灰度图的原理如下

$$f = \begin{cases} 0 \sim 62, & 则 r = 0, g = 254 - 4f, b = 255 \\ 63 \sim 127, & 则 r = 0, g = 4f - 254, b = 510 - 4f \\ 128 \sim 191, & 则 r = 4f - 510, g = 255, b = 0 \\ 192 \sim 255, & 则 r = 255, g = 1022 - 4f, b = 0 \end{cases} \tag{2-58}$$

式中，f 为 Gray 的像素值，r 为 RGB 图像的红色通道像素值，g 为 RGB 图像的绿色通道像素值，b 为 RGB 图像的蓝色通道像素值。

3) 损失函数

利用解码器网络对多尺度特征图进行解码，输出预测图像。损失函数计算的是真实值和预测值之间的相似程度，以此判断检测结果，为了有效解决噪声大、背景前景相差较大等问题，使用基于交叉熵损失和 IoU 边界损失之和的组合损失函数，IoU 边界损失计算的是真实边界和预测边界之间的比值误差，二者的比值范围在[0,1]。它最开始是在图像分割中被应用，后来在目标检测中也被广泛使用。具体计算过程为

$$F_{M_s} \approx \underbrace{\sum_j \lambda_i \int S_j(p(v),\hat{p}(v))\mathrm{d}v}_{\text{交叉熵损失}} + \underbrace{\sum_j r_j(1-\mathrm{IoU}(E_j,\hat{E}_j))}_{\text{IoU边界损失}} \tag{2-59}$$

$$\hat{P} = y(P(v)=s) = \frac{\mathrm{e}^{W_L^S X_{L(v)}+b_L^S+W_G^S X_G+b_G^S}}{\sum\limits_{s'\in\{0,1\}} \mathrm{e}^{W_L^{S'} X_{L(v)}+b_L^{S'}+W_G^{S'} X_G+b_G^{S'}}} \tag{2-60}$$

$$G_j = -\frac{1}{N}\sum_{i=1}^{N}\sum_{s\in\{0,1\}}(p(v_i)=s)(\log(\hat{p}(v_i=s))) \tag{2-61}$$

$$\mathrm{IoULoss} = 1-\frac{2\left|E_j \cap \hat{E}_j\right|}{\left|E_j\right|+\left|\hat{E}_j\right|} \tag{2-62}$$

式中，S_j 是在图像区域 Ω_j 中所有像素的真值图 $p(v)$ 和预测图 $\hat{p}(v)$ 的交叉熵总和，G_j 为交叉熵，$\mathrm{IoU}(E_j,\hat{E}_j)$ 是真实边界上 E_j 的像素和预测边界上 $\hat{E}_j$ 的像素的交集，为了数值保真性和总边界长度调整，设置加权常数 λ_j 和 r_j 且值为 1。基于此损失函数，利用交叉熵损失和 IoU 损失做监督。

利用损失函数计算预测图像和真值图的损失值，判断损失值是否达到阈值。若是，则得到训练后的编码器-解码器网络，继续执行。获取待检测图像，生成待检测图像的三通道灰度图，并将待检测图像和待检测图像的三通道灰度图分别输入编码器-解码器网络，输出待检测图像的预测结果。否则，根据损失值自动修改编码器网络和解码器网络的所有层的权重参数，重新获取新的多尺度特征图。

2.2.3.4　基于棉签位置与嘴部区域动态匹配方法

咽拭子采样靶点位置确定后，在显示器的画面中标识出覆盖腭垂及扁桃体特征的目标框[22]，检测者进行核酸采样时，张大嘴巴将腭垂露出，二代机识别到腭垂，在显示器上以红色标记标识出目标框，检测者手拿棉签使棉签头部向目标框

中的点位靠近，当检测到棉签时，会在显示器画面上生成一个点状黄色标识，便于检测者观察。当棉签头部和咽拭子采样靶点在口腔内的深度在设定阈值范围内，同时头部和咽拭子采样轨迹重合，则判定咽拭子采样靶点采样成功。

判定棉签头部和咽拭子采样靶点在口腔内的深度在设定阈值范围内的过程为：依据摄像机实时采集被采样人员的口腔视频数据，通过最大外接矩阵计算得到口腔视频数据中棉签头部的第一最大外接轮廓框，通过最小外接矩形函数计算得到第一最大外接轮廓框内棉签头部的最小外接矩形的宽度，并将该宽度记为 P，摄像机距离棉签头部的距离为 D，$D=(W\times F)/P$。通过最大外接矩阵计算得到口腔视频数据中咽拭子采样靶点的第二最大外接轮廓框，通过最小外接矩形函数计算得到第二最大外接轮廓框内咽拭子采样靶点的最小外接矩形的宽度，并将该宽度记为 P'，摄像机距离所述咽拭子采样靶点的距离 D'，$D'=(W'\times F)/P'$。其中，F 为摄像机的焦距，W 为棉签头部的实际宽度，W' 为咽拭子采样靶点的实际宽度。当 D 和 D' 之间的差值在设定范围内时，则判定棉签头部与咽拭子采样靶点接触。

经实际检验发现，核酸检测对咽拭子采样靶点以及棉签的识别有两大难点。其一，人的口腔环境各不相同，存在一些人员始终识别不到腭垂的现象。其二，在检测者进行核酸采样时，会出现手部遮挡摄像机画面的现象，影响对棉签与咽拭子采样靶点的识别。对此使用 GAN-元学习方法降低以上两种情况对识别效果的影响。

元学习具有优秀的泛化能力，可以提高识别成功率。GAN 方法可以补全目标信息，降低环境对目标识别的影响。基于元学习理论训练 GAN 模型，使 GAN-元学习模型具备抗干扰能力与泛化能力。

在对抗生成网络中，已知真实图片的分布为 $P_{\text{data}}(x)$，x 是一幅真实图片。随机向量 z 作为输入信息，通过生成模型 $G(z)$ 可以生成数据 $P_G\ (x;\lambda)$。通过调整参数 λ，让 P_G 更加接近 P_{data}，具体计算过程可以表示为

$$\min_G \max_D V(D,G)=E_{x\sim P_{\text{data}}}[\log D(x)]+E_{x\sim P_G}[\log(1-D(G(z)))] \tag{2-63}$$

式中，生成器 G 与判别器 D 同时训练，E 表示期望函数。模型中的参数确定后仅能对训练目标进行生成，在面对新类型目标时需要重新计算参数 λ。

在元学习中，假设 $M=\{S,A,P,r,\gamma\}$ 是一个马尔可夫决策过程（Markov Decision Process，MDP），M 中元素定义如下：S 表示状态集，A 表示动作集，$P:S\times A\times S\to R$ 表示概率分布，$r:S\times A\to R$ 为奖励函数，$\gamma\in(0,1]$ 为损失函数。经过一系列的马尔可夫决策过程组成相关任务 $\hat{M}=\{M_i\}_{i=1}^N$。通过对元学习的训练，找到一组参数 λ 和成对的更新方法 U，使得 $U(\lambda)$ 能够有效学习任务 M_i 的处理过程。通过少量的学习训练，可以使元学习方法解决一个新的任务，元学习的目标

可以表示为

$$\min_{\theta}\sum_{M_i}E_{(U(\lambda))}[\gamma_{M_i}] \tag{2-64}$$

式中，γ_{M_i} 表示 M_i 的损失函数。

综上所述，GAN 模型可以修复训练的目标图像，优化被遮挡问题，但口腔内环境因人而异，存在目标总是无法识别的现象，方法缺乏泛化能力。元学习具有良好的泛化能力，提高识别成功率。本节将元学习理论与 GAN 模型相结合，使 GAN 具有元学习的学习能力，对复杂环境下的目标依然可以进行准确识别。

2.2.3.5 建立 GAN 元学习模型

当口腔补光效果较差时，可通过 GAN 方法降低弱光对识别图像的影响[23]。基于 WGAN(Wasserstein GAN)方法解决生成模型 D 与判别模型 G 的极大极小值问题，具体计算过程为

$$\min_{G}\max_{D}L_{\text{WGAN}}(D,G)=-E_x[D(x)]+E_z[D(G(z))]+\lambda_w E_{\hat{x}}[(\|\nabla_{\hat{x}}D(\hat{x})\|_2-1)^2] \tag{2-65}$$

式中，前两项进行沃瑟斯坦距离估计(Wasserstein Distance Estimation)，最后一项是网络的正则化梯度的惩罚项。$\hat{x}$ 表示生成的采样数据，λ_W 是一个常数权重。

在 WGAN 网络进行特征提过程中，VGG-19 网络作为特征提取器，特征提取的损失函数为

$$L_{\text{VGG}}(G)=E_{(x,z)}\left[\frac{1}{w\times h\times d}\|\text{VGG}(G(z))-\text{VGG}(x)\|_F^2\right] \tag{2-66}$$

式中，$\|\cdot\|_F$ 表示弗洛贝尼乌斯范数(Frobenius Norm)，w、h、d 分别表示特征空间的宽度、高度和深度。

对 GAN 网络训练后，可以使网络具有修复干扰目标图像的能力，降低环境干扰对采集图像的影响，增加图像信息的识别准确率[24]。生成对抗网络的最终训练目标可以表示为

$$L=\min_{G}\max_{D}L_{\text{WGAN}}(D,G)+\lambda_L L_{\text{VGG}}(G) \tag{2-67}$$

式中，λ_L 为控制 WGAN 对抗损失和 VGG 感知损失的加权参数。

GAN 方法针对不同的任务可以训练出对应的权重参数，如 λ_W 或 λ_L 等权重参数。但是训练后的模型仅适用于相同任务处理，处理新的任务时需要重新进行权重参数训练。可以利用元学习对样本进行训练，使方法具有学习能力，不需要重新训练权重参数就能够处理新任务。假设 $p(T)$ 为任务分布，f_θ 为 θ 的参数函数，当模型应用于新的任务 T_i 时，根据不同的任务需求，对参数矢量 θ_i' 进行如下更新

$$\theta_i' = \theta - \alpha \nabla_\theta L_{T_i}(f_\theta) \tag{2-68}$$

式中，α 为元学习的步长，$L_{T_i}(\cdot)$ 为针对 T_i 任务的损失函数。通过优化 $p(T)$ 任务中的参数矢量函数 $f_{\theta_i'}$ 的性能进行元学习模型参数的训练。具体过程为

$$\min_\theta \sum_{T_i - p(T)} L_{T_i}(f_{\theta_i'}) = \sum_{T_i - p(T)} L_{T_i}(f_{\theta - \alpha \nabla_\theta L_{T_i}(f_\theta)}) \tag{2-69}$$

最终，模型参数 θ 的更新可表示为

$$\theta^* = \theta - \beta \nabla_\theta \sum_{T_i - p(T)} L_{T_i}(f_{\theta_i'}) \tag{2-70}$$

式中，β 为学习步长。在 GAN 初始模型进行训练时，元学习模型也对 GAN 的计算过程进行训练，最终使 GAN 模型能够对未训练的干扰目标图像进行修复。

1) 基于 GAN-元学习的目标识别

从采集的图像中截取目标信息组成训练集

$$T = \{(X_1, Y_1), (X_2, Y_2), \cdots, (X_k, Y_k)\}, \quad k \in \mathbf{R} \tag{2-71}$$

式中，X 为采集图像信息，Y 为图像标签。从训练集中随机抽取任意两幅图像，即可得到训练数据集

$$T_{\text{train}} = \{(X_{i,j}, Y_{i,j}), (X_{i+\varsigma, j+\varsigma}, Y_{i+\varsigma, j+\varsigma})\} \tag{2-72}$$

式中，i 为训练数据中第 i 个视频，j 为该视频的第 j 帧图像，ς 为视频中取出两帧图像之间的间隔。

通过训练数据集 T_{train} 对 WGAN 网络中的生成模型 D 与判别模型 G 进行训练，计算最优权重参数 λ。将 WGAN 的权重参数 λ 的变化过程，作为元学习模型的输入信息，对元学习模型参数 θ 进行更新。

λ 与 $X_{i,j}$ 一起输入到 VGG-19 网络，并提取特征 $f(X_{i,j})$，利用 λ 在 $f(X_{i,j})$ 上做卷积操作得到目标信息的响应图像。该响应图像与真实标签之间的差异为损失 L，计算参数更新后的损失为

$$L = l(\lambda^* * f(X_{i,j}), Y_{i,j}) \tag{2-73}$$

式中，$l(\cdot)$ 为损失函数。根据损失 L 更新 WGAN 模型参数 λ 和元学习网络模型参数 θ，计算过程为

$$\begin{cases} \lambda^* = \lambda - \alpha \nabla L_\lambda \\ \theta^* = \theta - \beta \nabla_\theta \sum\limits_{T_i - p(T)} L_{T_i}(f_{\theta_i'}) \end{cases} \tag{2-74}$$

确定了最优参数 λ 和参数 θ 后，可以使 GAN 元学习模型具备更好的泛化能

力，在干扰图片修复时能够处理更多类型的目标，同时能使后续的目标识别能力更好。

2) 目标识别

将采集到的环境干扰下的目标图像 x 作为卷积神经网络的输入信息，可得到目标图像在神经网络隐空间中的表达 z。然后通过生成器 G 合成图像 $x'=G(z,y)$，其中 y 表示 x 的标签。修复过程可以表示为

$$x_G = M \odot x' + (1-M) \odot x \tag{2-75}$$

式中，M 是 0 或 1 的二元矩阵，表示原图中需要修复的位置区域。$\odot$ 表示元素的乘运算，x_G 表示修复后的图像。

用 VGG-19 网络对目标图像进行特征提取，利用 WGAN 网络补全缺失目标信息，降低环境干扰对采集图像的影响，保证目标识别的准确率[25]。基于元学习理论，利用随机梯度下降法对特征提取过程的参数变化情况进行训练，提高方法对新目标的识别能力，保证 GAN-元学习模型具有较强的泛化能力，识别成功率大大提高。

2.3　第三代咽拭子采样自助机器人

针对二代机的识别准确率问题，研发了第三代咽拭子采样自助机器人(以下简称三代机)。相较二代机，三代机采用距离精准判定与校正技术、不规则口腔内腭垂及咽后壁动态精准识别技术、多源异构信息融合的嘴部精准定位技术、采样咽拭子形态的口腔深度预测技术、二维空间下的采样棉签与腭垂深度位置动态匹配技术共同组成复杂口腔环境下咽拭子自助设备采样有效性判定系统，提高了识别精度，实现核酸检测过程“安全、便捷、低成本、高精度”的目标。咽拭子采样自助机器人三代机具体优势如下：

第一，三代机相比一代机和二代机采样更准确。动态多尺度特征融合技术有效解决之前方法难以识别小尺度且缺失目标的问题，新增的复杂口腔环境下咽拭子自助采样设备采样有效性判定系统在不规则口腔、灰暗环境等特殊情况下，使设备依旧能够准确识别腭垂及咽后壁。

第二，三代机更便捷。当被采样人员进行采样时，三代机能够通过咽拭子目标轨迹预测技术实时轨迹数据和预测模型完成对咽拭子运动轨迹的提前规划，将所预测轨迹显示在屏幕上，引导被采样人员在预测轨迹上用棉签进行擦拭。当咽拭子棉签头部和咽拭子采样靶点在口腔内的深度在设定阈值范围内，同时咽拭子棉签头部和咽拭子采样轨迹重合，采样成功。

第三，三代机有助于减少医护人员负担。随着咽拭子采样自助设备的推广，在医护人员的指导下，可以实现自助咽拭子采样，减轻医护人员工作强度和精神压力，降低医护人员交叉感染的风险，提高核酸检测采样的准确率。

2.3.1 结构设计

针对现有技术中的问题，本节提供一种用于咽拭子采样的自助式采样装置及方法，目的在于实现被采样人员的自助式咽拭子采样，降低核酸检测的成本，便于推广和使用。第三代咽拭子采样自助设备整体结构图如图 2-37 和图 2-38 所示。

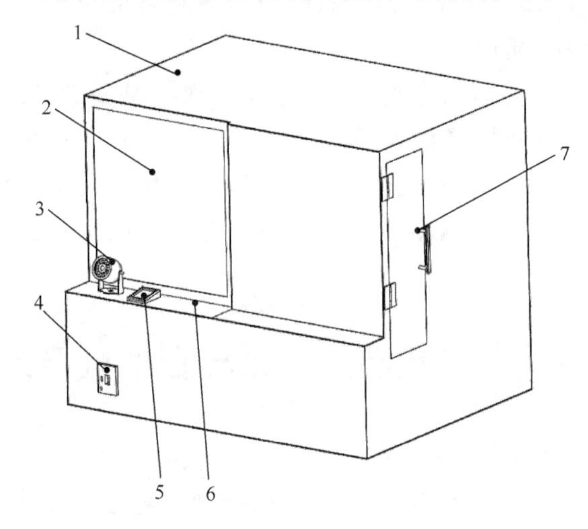

图 2-37 咽拭子采样自助设备外部结构(1)

1-机箱；2-显示器；3-摄像头；4-咽拭子棉签供应口；5-扫码器；6-咽拭子棉签收集口；7-机箱门

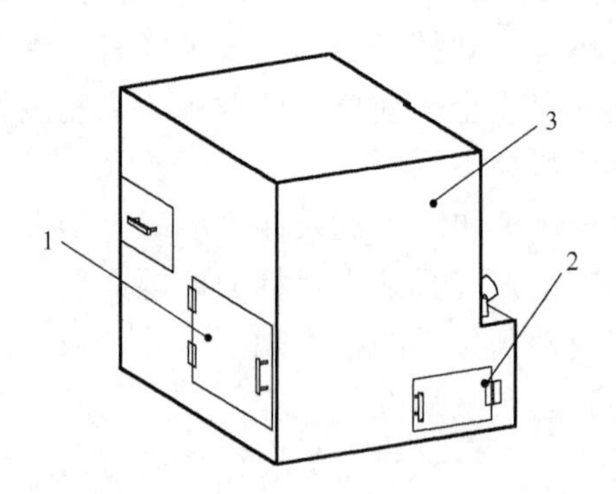

图 2-38 咽拭子采样自助设备外部结构(2)

1-试管存储机构舱门；2-出棉签机构舱门；3-机体外壳

咽拭子自主采样装置中，试管供应机构用于向对应的试管容置槽内放置竖向的试管，试管开盖机构用于将对应的试管容置槽内试管的试管盖打开或关闭，试管转移机构用于将对应的试管容置槽内的试管转移至试管存储器内。扫码器用于识别被采样人员的身份信息并将该身份信息传输至主机内，咽拭子棉签供应装置用于给被采样人员供应咽拭子棉签，摄像机用于采集被采样人员在咽拭子采样时的口腔视频数据并将该口腔视频数据传输至主机内，主机根据口腔视频数据生成包含有被采样人员口腔内实时画面的示教视频并将该示教视频通过显示器显示，示教视频中包括在采样人员口腔内实时画面中标识出的咽拭子采样靶点和咽拭子采样轨迹，被采样人员可以根据咽拭子采样靶点和咽拭子采样轨迹清楚地看到咽拭子采样的位置和采样的轨迹，从而可快速标准地对自己进行采样。另外，当被采样人员进行咽拭子采样时，可通过方法对咽拭子棉签头部口腔内深度和咽拭子采样靶点的深度进行判定，如在设定标准范围内则可认为被采样人员本次咽拭子采样有效，具体结构如图 2-39 所示。

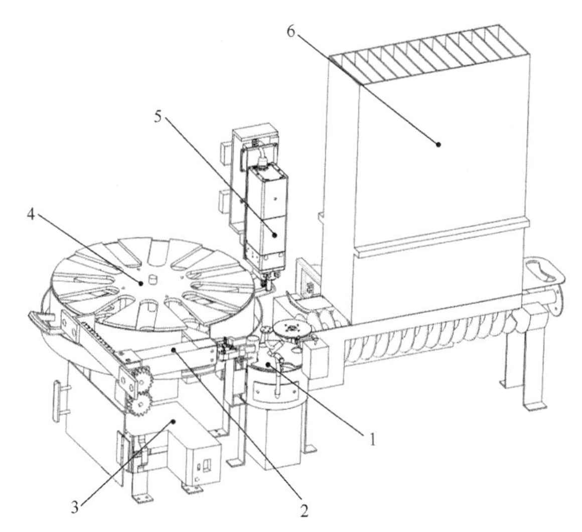

图 2-39　三代工程样机单元结构设计

1-试管转盘；2-试管下料装置；3-咽拭子剥离机；4-试管收集装置；5-拧盖装置；6-试管进料装置

2.3.2　功能分析

2.3.2.1　主要功能

三代机系统主要包括立式外壳、信息采集子系统、视频互动示教子系统、试管存储供应子系统、采样有效性判别子系统、试管收集存储子系统，如图 2-40 所示。

信息采集子系统用于识别被采样人员的核酸采样预约码，获取被采样人员的身份信息；视频互动示教子系统用于显示被采样人员基本信息以及在采样过程中

图 2-40　第三代咽拭子采样自助设备样机图

的图示引导；试管存储供应子系统用于核酸采样前试管的存储以及采样时试管的供应；采样有效性判别子系统用于处理咽拭子在口腔采样过程中的视频流信息，判断咽拭子与口腔采样位置区域匹配情况；试管收集存储子系统用于核酸采样结束后核酸试管的收集与存储。

2.3.2.2　咽拭子采样流程

三代机的操作流程如图 2-41 所示。

1) 被采样人员信息验证

在三代机使用时，用户可通过疾控中心平台登记信息并保存核酸检测预约码。用户通过咽拭子采样自助设备上的扫码机扫描预约码，确认用户身份信息，如图 2-42 所示。三代机会把用户的个人信息上传到疾控中心大数据平台，方便用户查询采样结果。

2) 体温检测

确认信息之后将进入测温环节，三代机通过温度传感器测量用户体温，如图 2-43 所示，若体温异常则会提示用户前往发热门诊就诊，若体温正常则可进入采样环节。

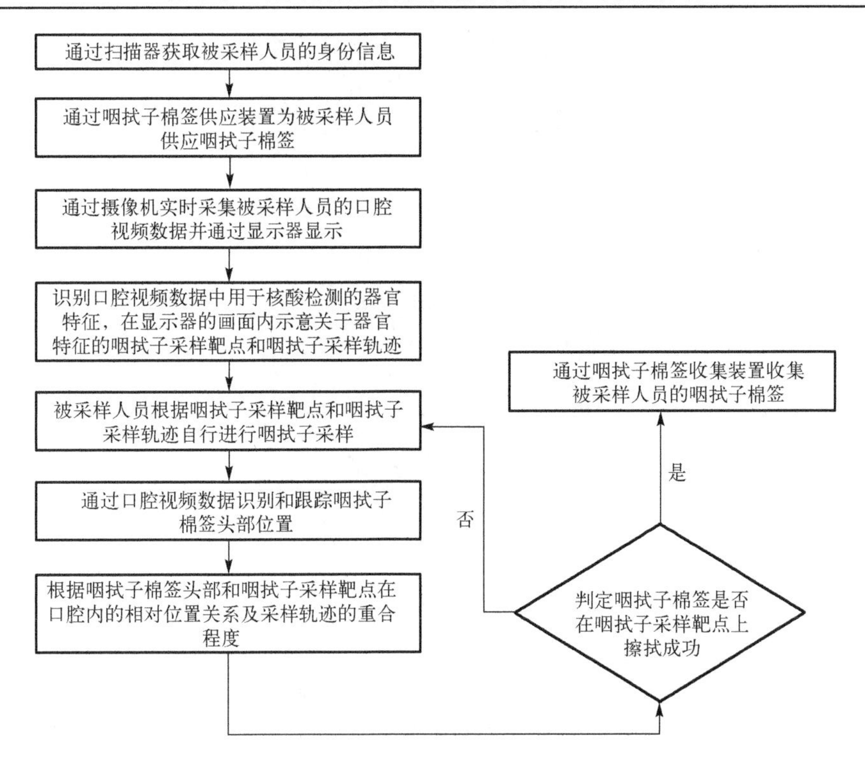

图 2-41　第三代咽拭子采样自助设备使用流程图

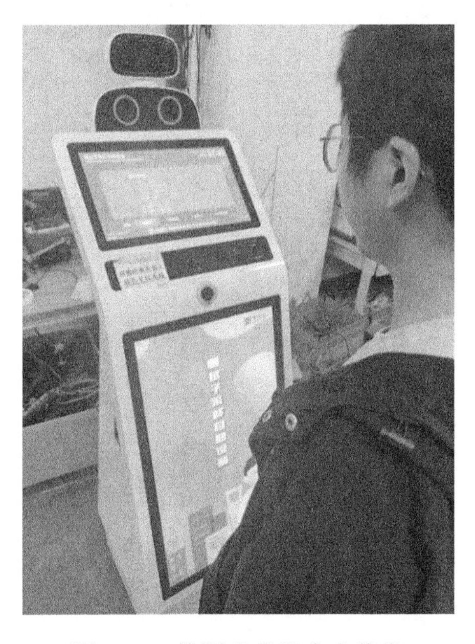

图 2-42　检测者确认个人信息

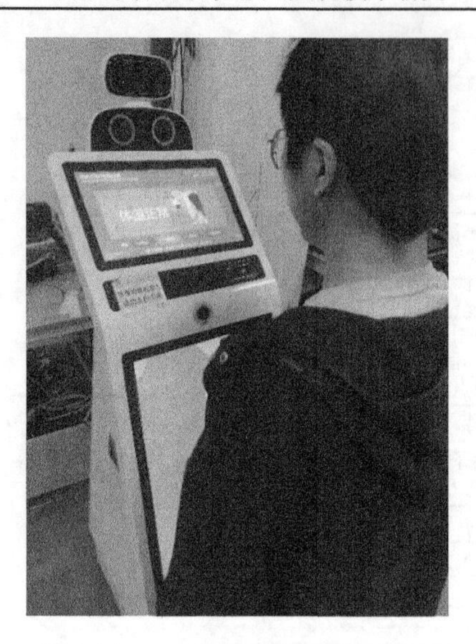

图 2-43　进行体温检测

3) 咽拭子采样

通过咽拭子棉签供应装置为被采样人员供应咽拭子棉签，自动出试管装置为被采样人员提供试管。通过摄像机实时采集被采样人员的口腔视频数据并通过显示器显示，同时识别出口腔视频数据中用于核酸检测的器官特征，在显示器的画面内示意关于器官特征的咽拭子采样靶点和咽拭子采样轨迹，如图 2-44 所示。

图 2-44　在口腔内进行采样

4) 回收棉签与试管

当被采样人员根据咽拭子采样靶点和咽拭子采样轨迹自行进行咽拭子采样

时，判定咽拭子棉签是否在咽拭子采样靶点上擦拭成功，如图2-45所示，若成功则进行下一步骤，回收棉签和试管。

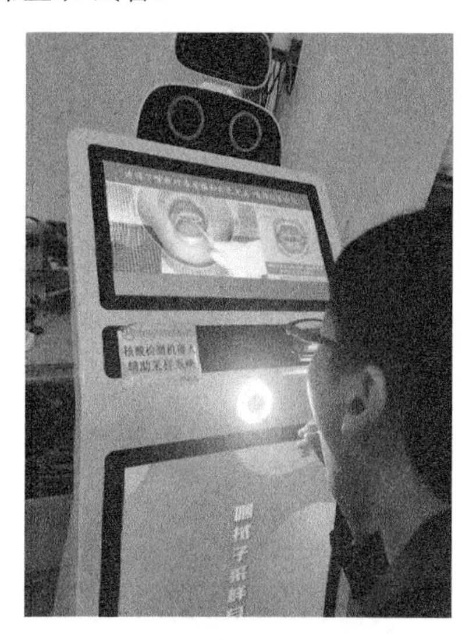

图2-45 检测者采样通过

通过咽拭子棉签收集装置收集被采样人员的咽拭子棉签。被采样人员可以根据示教内容对自己进行咽拭子采样，避免使用价格昂贵的机械手，从而大幅降低制造成本，便于市场推广。

三代机在大幅降低样机成本、减少医护人员工作压力的同时，保证了咽拭子采样的有效性。在被采样人员进行自助采样的过程中，通过摄像机实时采集被采样人员的口腔视频数据，并识别出其中用于咽拭子采样的器官特征，作为咽拭子采样靶点，同时三代机将从被采样人员口腔视频数据中识别和跟踪咽拭子棉签的头部。当咽拭子棉签头部和咽拭子采样靶点在口腔内的深度在设定阈值范围内，咽拭子棉签头部和咽拭子采样轨迹重合，则判定咽拭子采样成功。这种判定方式可大大增强三代机采样的有效性。

与现有技术相比，通过在显示器的画面内示意器官特征的咽拭子采样靶点和咽拭子采样轨迹，以此对被采样人员进行示教，被采样人员可以根据示教内容对自己进行咽拭子采样，直观易学习且易操作，不仅采样效率高，而且不用医护人员值守。通过对咽拭子棉签的头部的识别和跟踪，判断咽拭子棉签的头部是否擦拭成功，从而实现被采样人员的自助式咽拭子采样，大幅降低制造成本，便于推广。另外，被采样人员自助采样时可有效避免对口腔造成损伤，咽拭子采样本身不是很复杂的采样过程，所以具备一定动手能力的人员通过显示器的示教内容进行学习后可快速掌握。三代机主要应用于青年和中年人群，其他人群可在医护或第三方人员陪同的情况下使用，从而大幅缓解咽拭子采样工作人员的压力，同时降低咽拭子采样的成本。

2.3.3　关键技术

2.3.3.1　采样距离精准判定与校正

针对采样过程中被采样人员无法精准把握采样距离造成交叉污染的问题。本节采用距离精准判定与校正技术，通过单目相机像素对嘴部位置进行单维度测算，将图像像素与嘴部像素大小进行比对，其结果由界面实时显示并通过语音进行引导提示。实现核酸检测过程“安全、便捷、低成本、高精度”的目标，如图 2-46 所示。

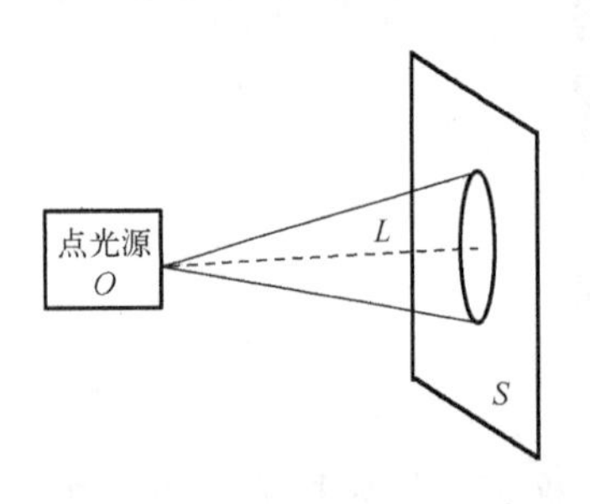

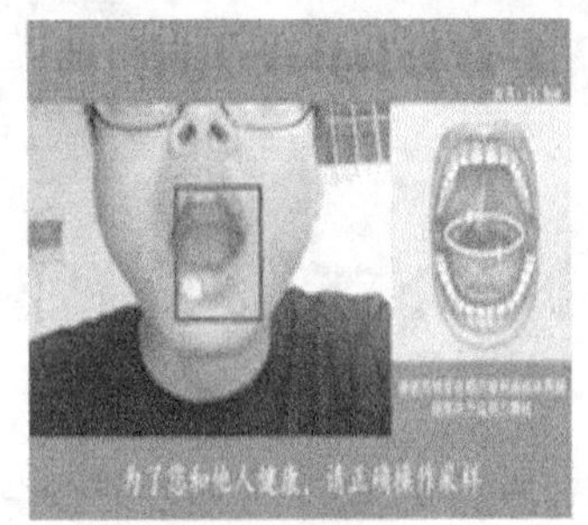

图 2-46　采样距离精准判定与校正

2.3.3.2　口腔灰暗环境下腭垂自动捕捉

不同光照情况下，图像特征不同，针对口腔灰暗环境下腭垂识别困难的问题，提出一种图像增强网络结构，通过灰度变换、线性滤波、暗光增强等方法融合处理，对灰暗环境下腭垂特征进行加强，提高识别精度，实现口腔灰暗环境下腭垂自动捕捉技术，如图 2-47 所示。

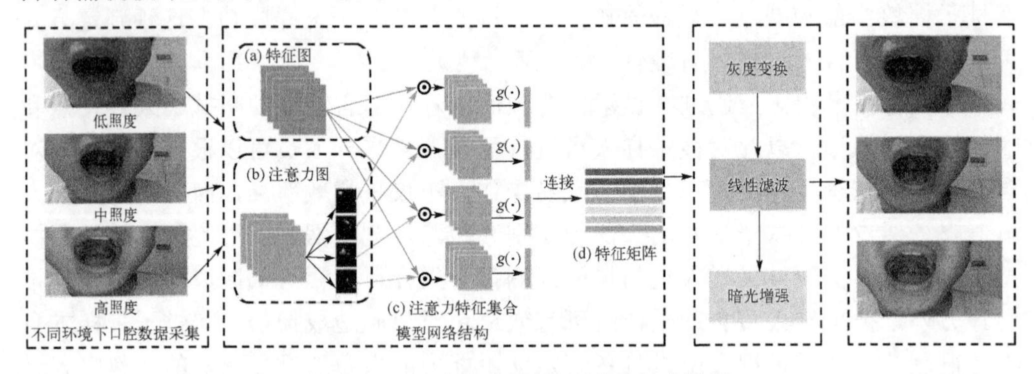

图 2-47　口腔灰暗环境下腭垂自动捕捉

2.3.3.3　不规则口腔内腭垂及咽后壁动态精准识别

在口腔内部结构中，不同人口腔内腭垂及咽后壁形态不同，相同人口腔内腭垂及咽后壁在不同时空中姿态也不相同。针对不同情况下口腔不规则的问题，对口腔数据进行采集，通过搭建模型网络结构，对腭垂及咽后壁图像特征进行提取，通过训练好的模型对输入图像进行预测，经过视频帧差值计算，可以对腭垂及咽后壁动态跟踪及精准识别，如图 2-48 所示。

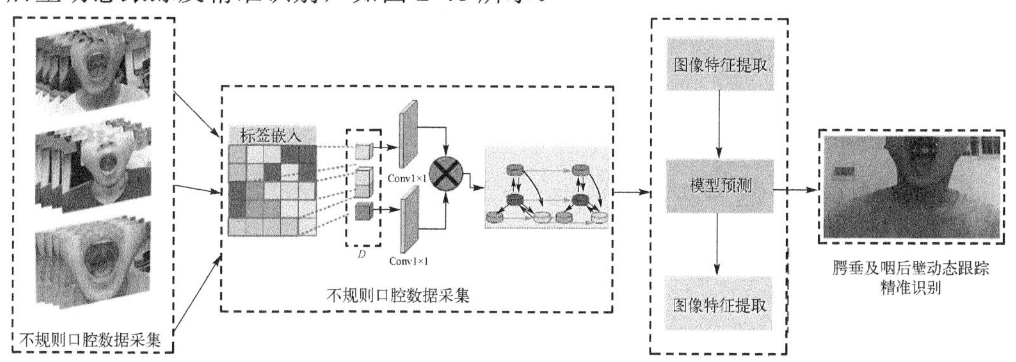

图 2-48　不规则口腔内腭垂及咽后壁动态精准识别

2.3.3.4　多源异构信息融合的嘴部精准定位

由于二维图像无法准确获取嘴部深度信息，无法实现采样有效性的精准判定。因此采用多源异构融合技术，通过相机进行二维特征识别与标定，融合激光深度数据获取相机与嘴部精确距离，实现嘴部的精准三维定位，如图 2-49 所示。

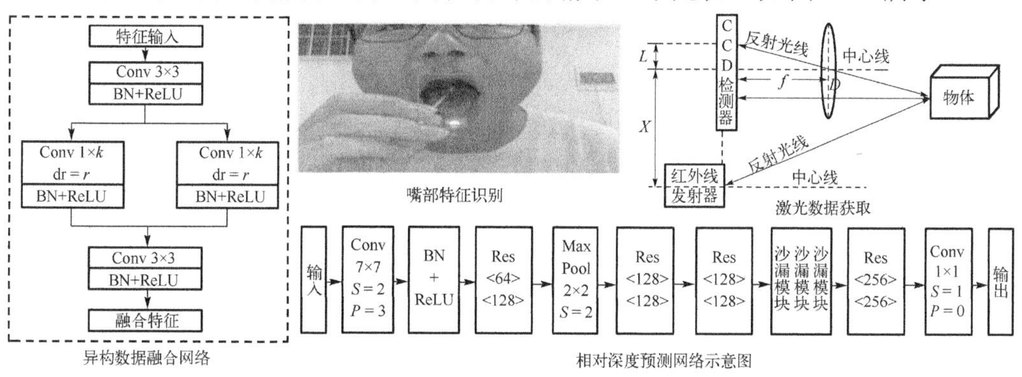

图 2-49　多源异构信息融合的嘴部精准定位

2.3.3.5　采样咽拭子形态的口腔深度预测

单目相机无法获取棉签深度信息导致难以确保咽拭子样本的有效性[26]。针对该问题，本节基于采样咽拭子形态的口腔深度预测技术，对不同形态和不同环境咽拭子进行特征提取与强化学习，实现口腔微环境的小物体识别与深度计算，确保了采样的有效性，如图 2-50 所示。

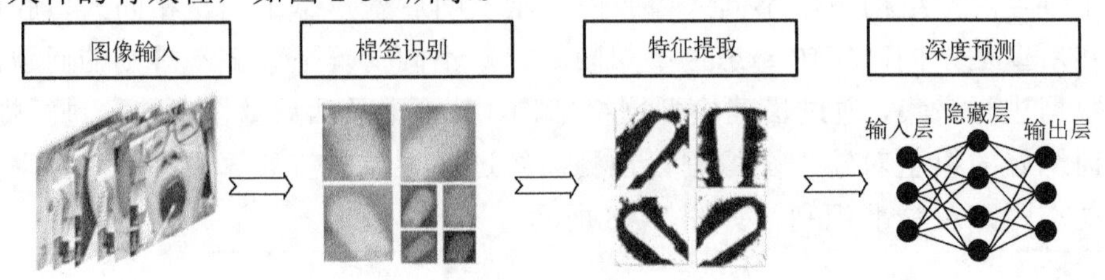

图 2-50　采样咽拭子形态的口腔深度预测

2.3.3.6　二维空间下的采样棉签与腭垂深度位置动态匹配

针对采样过程中易存在虚假采样，普通识别方法无法准确判别咽拭子是否达到腭垂深度的问题，本节增加二维空间下的采样棉签与腭垂深度位置动态匹配技术，采用以下四步处理方法，完成双点位的动态匹配，提高采样的有效性。第一，图像进行灰度化及线性对比度展宽处理；第二，实现棉签及腭垂的特征匹配；第三，获取棉签深度及腭垂深度区域视差；第四，对视差进行亚像素拟合、加权中值滤波等细化处理，如图 2-51 所示。

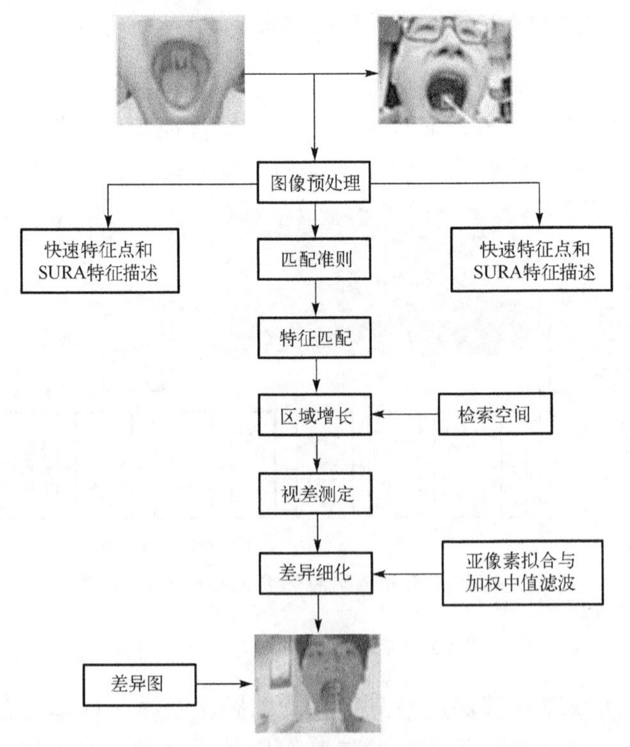

图 2-51　二维空间下的采样棉签与腭垂深度位置动态匹配

2.4 本 章 小 结

本章介绍了三代咽拭子采样自助机器人的功能设计、结构设计、关键技术及不足之处。一代机一方面解决了占用大量医用资源的问题，并在此基础上提高了采样效率，降低了人工成本；另一方面，减少了人员的聚集，避免了因核酸采样现场因管理不当造成的大面积感染问题，一定程度上降低了病毒的传染速度。但一代机仍有部分没有实现完全自动化，还需人力操作干预。二代机针对一代机存在的不足之处进行优化，一方面在核酸检测辅助设备上安装测温装置，可以及时发现体温异常人员，上报疫情防控指挥部，使发热人员到发热门诊进行核酸检测，避免其在核酸检测人群中摘下口罩进行核酸检测，降低传染风险；另一方面，二代机依据深度学习 YOLOv4 框架识别棉签与腭垂，采用 GAN-元学习方法进行识别，使受到遮挡时的目标识别效果明显提高。相较二代机，三代机采用距离精准判定与校正技术、不规则口腔内腭垂及咽后壁动态精准识别技术、多源异构信息融合的嘴部精准定位技术、采样咽拭子形态的口腔深度预测技术、二维空间下的采样棉签与腭垂深度位置动态匹配技术共同组成复杂口腔环境下咽拭子采样自助设备采样有效性判定系统，提高了识别精度，实现核酸检测过程“安全、便捷、低成本、高精度”的目标。

参 考 文 献

[1] 张宇廷, 王宗彦, 李梦龙, 等. 基于机器视觉与 Faster-RCNN 的 Delta 机器人工件识别检测. 机床与液压, 2023, 51(5): 35-40.

[2] 邓永康. 基于 OpenCV 运动目标检测的跟踪系统开发. 北京: 北京化工大学, 2021.

[3] 张文超. 基于 OPENCV 的仪表图像识别技术的研究与应用. 中国设备工程, 2023, 517(3): 97-100.

[4] 赵峰. 基于 OpenCV 的车道线检测与识别. 微型电脑应用, 2023, 39(3): 177-181.

[5] 黄俊明, 陈平平, 王彩申. 在 Linux 环境下基于 OpenCV 图像处理的研究与实现. 电脑编程技巧与维护, 2023, 451(1): 143-146.

[6] 周作梅, 李俊杰. 基于高斯滤波的低照度图像信息增强方法. 信息与电脑(理论版), 2022, 34(17): 202-204.

[7] 胡万, 张玉金, 张涛, 等. 基于多残差学习与注意力融合的中值滤波检测. 光电子激光, 2023, 34(1): 81-89.

[8] Chernov V, Alander J, Bochko V. Integer-based accurate conversion between RGB and HSV

color spaces. Computers and Electrical Engineering, 2015, 46: 328-337.

[9] 杨福康. 计算机图像处理技术的应用与分析. 电脑知识与技术, 2022, 18(35): 10-13.

[10] 杜绪伟, 陈东, 马兆昆, 等. 基于 Canny 算子的改进图像边缘检测算法. 计算机与数字工程, 2022, 50(2): 410-413.

[11] Rajeshkumar G, Braveen M, Venkatesh R, et al. Smart office automation via faster R-CNN based face recognition and internet of things. Measurement: Sensors, 2023, 27: 107-119.

[12] 李雪露, 杨永辉, 储茂祥, 等. 基于改进 Faster R-CNN 的钢板表面缺陷检测. 安徽大学学报(自然科学版), 2023, 47(2): 66-73.

[13] 刘园园. 基于改进 Faster R-CNN 算法的六足机器人动态目标识别跟踪控制策略研究. 西安: 长安大学, 2022.

[14] 代一凡. 基于嘴部识别的智能助餐机器人设计研究. 上海: 东华大学, 2021.

[15] 钟岷哲, 唐泽恬, 王昱皓, 等. 基于纹理分类的多阈值 SIFT 图像拼接算法. 计算机仿真, 2022, 39(10): 364-368.

[16] Hao W, Xiao N. Research on underwater object detection based on improved YOLOv4 // The 8th International Conference on Information, Cybernetics, and Computational Social Systems, Beijing, 2021: 166-171.

[17] 熊川, 赵海盟. 基于像素分类的复杂场景中运动目标跟踪算法. 计算机仿真, 2023, 40(3): 241-245.

[18] 张宁, 于鸣, 任洪娥, 等. 融合 L-α 的 YOLO-v4 小目标检测算法. 哈尔滨理工大学学报, 2023, 5(1): 37-45.

[19] Ding P, Qian H, Zhou Y, et al. Object detection method based on lightweight YOLOv4 and attention mechanism in security scenes. Journal of Real-Time Image Processing, 2023, 20(2): 34.

[20] 夏斌红. 结合自注意力和边缘网络的视频显著性检测. 天津: 河北工业大学, 2021.

[21] 石佳钰, 殷雁君, 张文轩, 等. 融合边缘注意力的手写蒙古文字元数据增强方法. 内蒙古师范大学学报(自然科学汉文版), 2023, 52(2): 189-196.

[22] 许俊杰. 基于深度学习的空间目标小样本分类与小目标检测算法研究. 西安: 西安电子科技大学, 2022.

[23] 段港海. 结合小样本指导的元学习图像分类算法研究. 长春: 吉林大学, 2022.

[24] 孟青, 于瓅. 改进的基于元学习的小样本目标检测法在废品识别分类中的应用研究. 电脑知识与技术, 2022, 18(32): 9-12.

[25] 孔维罡, 郭乃网, 周向东. 基于像素语义信息的单图像视图生成深度预测方法. 计算机应用与软件, 2023, 40(4): 192-198.

[26] 李丽芬, 范新烨. 元学习与多尺度特征融合的小样本目标检测. 小型微型计算机系统, 2023, 5(9): 1-9.

第3章　咽拭子采样自助机器人下料与收集系统

在咽拭子采样自助机器人二代机的研发基础上，结合实际应用情况中存在的不足，进一步研发了咽拭子采样自助机器人三代机。本章主要介绍咽拭子采样自助机器人三代机的下料与收集系统组成，其中涉及试管自动供应装置、试管拧盖装置、试管的下料结构、咽拭子采样的自助式采样装置。同时，详细分析了各装置的结构、参数及运行机制。咽拭子采样自助机器人三代机的下料与收集系统有效解决了现有自动供应装置结构和功能单一问题，提高了下料效率，促进了咽拭子采样自助机器人下料与收集系统的智能化发展。

3.1　自助式采样装置

通常情况下，核酸检测点需要配备至少三名医护人员，以完成扫码、消毒、采样等多项工作任务[1,2]。为了实现自动化的核酸检测采样，周花仙[3]等研发了一种核酸咽拭子自助采样机器人。该机器人利用机械手夹取消毒后的试管中的咽拭子，并将其插入插管，通过伺服式滑动机构、伺服电动转动机构和伺服电动伸缩机构完成咽拭子的采样过程。此外，机器人配备了伺服电动升降机构，使被采样者可以在相对舒适的姿势下进行采样。然而，该机器人价格昂贵，且采样时容易对被采样人员的口腔造成损伤。此外，在采样过程中，被采样人员仍需要医生的指导才能完成咽拭子采样。因此，每台机器人仍需要配备一位医护人员进行指导，无法完全替代人工操作，仍需要一定的人力成本。何伟强[4]发明的自助咽拭子取样设备包括密封舱室、控制系统、口腔监测摄像头和显示器。被取样者进入舱室后，密封舱门形成密闭的取样空间，口腔监测摄像头拍摄被取样者口腔影像并传输到显示器上显示。医务人员可通过远程监测口腔影像来指导被取样者完成采样。然而，利用该方式进行取样存在个人盲目采样缺乏有效性以及医务人员指导效率低的问题。张一[5]等研发的咽拭子自助采样方法包括采样工具和后处理仓两部分。采样单元设有显示屏，可通过视频语音引导用户采样。采样完毕后，采样工具放入后处理仓中，后处理仓中设有储存机械手、剪断结构和拧盖结构，用于将采样工具剪断、储存咽拭子的采样管放入样本储存箱中。然而，该方法中采样工具的自动化程度较低，结构复杂，准确性差，且各部件联系性差。

综上所述，针对咽拭子采样设备和方法，不同的研究团队提出了各自的解决方案，在一定程度上实现了核酸采样自动化。但是有些咽拭子采样设备的使用需要专业的医务人员进行指导，同时设备结构较为复杂，并且在采样过程中容易损伤被采样人的口腔，对采样过程和结果缺乏有效性判断。

3.1.1 结构分析

本节针对现有咽拭子采样技术的局限性，提出一种自助式咽拭子采样装置及方法，旨在降低核酸检测成本，便于推广和普及[6]。该装置可实现被采样者自主进行咽拭子采样，消除了人工采样过程中可能存在的交叉感染风险，并且具有高效、低成本、易操作的优势，便于在核酸检测领域广泛应用。

该自助式咽拭子采样装置包括主机和机箱，机箱位于主机下部，主机顶部设有显示器。机箱前方下部位置设置有摄像机、扫码器、咽拭子棉签供应口和咽拭子棉签收集口，其中咽拭子棉签收集口处配备了棉签头剪断装置。同时，本装置内部包含转盘、试管容置槽、试管供应机构、试管开盖机构、试管转移机构等组件。转盘位于机箱内，沿其圆周方向设置有多个试管容置槽，用于收纳采集到的咽拭子样本。试管供应机构、试管开盖机构和试管转移机构均安装于机箱内，分别负责试管的供应、开盖和转移操作。此外，机箱内还设有试管存储器，用于储存已采集的试管样本。试管供应机构向对应的试管容置槽内放置竖向的试管，试管开盖机构则用于控制对应的试管容置槽内试管的试管盖开合状态，而试管转移机构则用于精确控制试管的位置，以便将对应的试管容置槽内的试管转移至试管存储器内。扫码器用于识别被采样人员的身份信息，并将其传输至主机。咽拭子棉签供应装置用于为被采样人员提供咽拭子棉签。摄像机用于拍摄被采样人员咽拭子采样时的口腔视频数据，并将该数据传输至主机。主机根据口腔视频数据生成示教视频，其中包含被采样人员口腔内实时画面、咽拭子采样靶点和采样轨迹的标识，并通过显示器显示。示教视频用于演示咽拭子采样的正确操作步骤。咽拭子采样自助设备如图 2-37～图 2-39 所示。

被采样人可准确观察到咽拭子采样的位置和采样轨迹，从而能够快速自主完成采样。同时，系统可通过计算咽拭子棉签头在口腔内的深度和咽拭子采样靶点的深度是否在设定范围内，从而判断本次咽拭子采样是否有效。

根据图 3-1 和图 3-2 所示的出料机构和蜗杆机构示意图，试管供应机构由试管箱和传动蜗杆组成，传动蜗杆的传输方向为从右至左。试管箱内设置有若干个竖向的试管通道，试管通道贯穿试管箱并用于层叠放置若干个纵向的试管。转动蜗杆横向设置在试管箱下方，相邻螺旋叶片之间形成螺纹槽，用于传动试管。

传动蜗杆由第四驱动电机驱动，第四驱动电机、第一传感器均与主机电连接，试管箱可替换，在试管箱的下部插设有隔板，隔板挡止在试管通道的下端端口处，隔板的一端端部延伸在试管箱的外侧并形成把手部，在把手部开设有扇弧形的把手槽。在机箱的侧壁上对应试管箱的位置安装有第一开启门，试管箱沿传动蜗杆的轴向插接在机箱内，更换机箱内的试管箱时将机箱内空的试管箱取出，然后放入装满试管的试管箱，并将隔板从试管箱中抽出。此时试管箱内的试管向下掉落至传动蜗杆的螺纹槽中，其中试管箱最右边的试管通道内的试管最先被排空，而最左边的试管通道内的试管最后被排空。

由于传动蜗杆左端设置有试管出口，为使传动蜗杆的左端没有干涉试管从试管出口处排出的结构，传动蜗杆的左端端面与其螺旋叶片的左端端头齐平，传动蜗杆的右端端头固定连接有同轴设置的第二驱动轴。第二驱动轴转动安装在第二固定座上且由第五驱动电机驱动。在试管箱前后两侧侧壁的中部均设有横向的滑条，在机箱内对应滑条的位置设置有滑槽，滑条滑动配合在滑槽内上。试管箱的下端端面靠近传动蜗杆的顶部，试管通道的下端端口与螺纹槽相互对应，在传动蜗杆的前侧设置有对试管尾部进行纵向限位和水平支撑的第一滑轨，在传动蜗杆的后侧设置有对试管头部进行纵向限位和水平支撑的第二滑轨。试管通道内的试管掉落至螺纹槽中，试管的头部支撑在第二滑轨上，试管的尾部支撑在第一滑轨上，螺纹槽的深度与试管的直径相同，从而防止螺纹槽内的试管在移动时传动蜗杆上的螺旋叶片与其他试管发生干涉，传动蜗杆的旋向朝向第一滑轨。在第一滑轨的左端端口处设置有与传动蜗杆的轴向平行设置的竖向挡板和水平底板，竖向挡板和水平底板两者的左侧侧边均与传动蜗杆的左端端面齐平，竖向挡板靠近传动蜗杆的前侧并在该竖向挡板和螺纹槽之间形成试管夹持槽。在螺旋叶片的左端端头、竖向挡板的左侧侧边和水平底板的左侧侧边之间形成试管供应机构的试管出口，在第二滑轨的左端端头上固定连接有将试管头部向上和向竖向挡板导引的弯曲部。

弯曲部包括相互固定连接的竖向推板和支撑板，竖向推板和支撑板均为向上且向竖向挡板延伸的弧形结构，支撑板用于将试管的头部抬高，竖向推板用于挤压试管并使试管向竖向推板移动。试管在试管夹持槽内，在传动蜗杆的带动作用下沿第一滑轨和第二滑轨移动，试管从第一滑轨和第二滑轨两者的左端排出后，由于弯曲部的导引作用将试管的头部抬高，使得试管的尾部向竖向挡板和传动蜗杆之间的夹持槽内掉落。传动蜗杆继续转动的情况下，试管完全掉落至夹持槽内后水平底板支撑在试管的尾部并使试管呈竖向状态，随后试管在螺旋叶片推力的作用下可呈竖向状态，从试管出口排出并被螺旋叶片推送至转盘的第二缺口中。

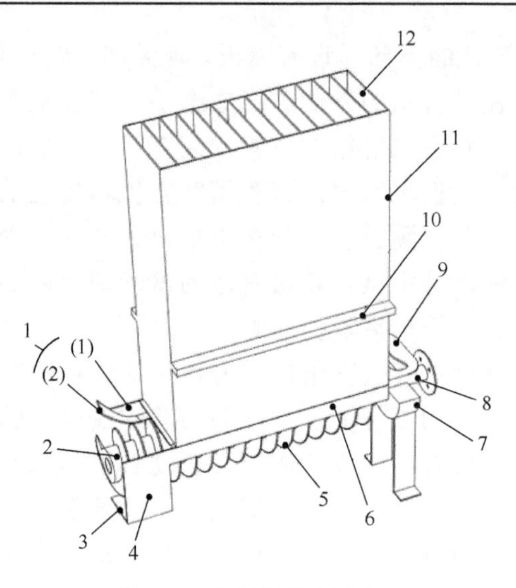

图 3-1　出料机构示意图

1-第一挡板；2-蜗杆；3-托板；4-第二挡板；5-蜗杆螺纹片；6-第二挡板；7-蜗杆支撑座；8-蜗杆驱动轴；9-手拉挡板；10-箱体滑槽；11-箱体；12-箱体插板

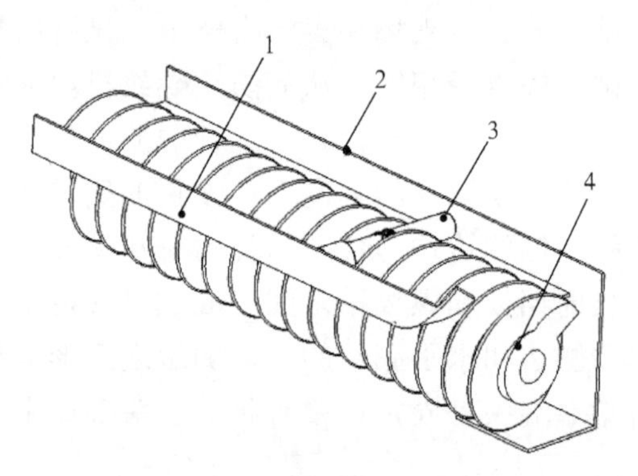

图 3-2　蜗杆结构示意图

1-第一挡板；2-第二挡板；3-试管；4-蜗杆

转盘结构包括开口向上的筒体和安装在筒体内旋转的旋转盘。旋转盘的外圆周上开设有第一缺口，第一缺口和筒体的侧壁之间形成试管容置槽，并在试管容置槽内设置有用于探测试管的第一传感器。筒体的侧壁上开设有一个第二缺口，当第一缺口转动到第二缺口处时，第二缺口与第一缺口相对应且与试管出口相连通。转盘结构示意图如图 3-3 所示。

结合图 3-4～图 3-6，试管开盖机构包括拧盖器和定位装置，拧盖器位于转盘的上方，拧盖器包括通过升降机构升降设置的第一驱动电机，第一驱动电机的驱动轴的轴向朝向对应的试管容置槽，在驱动轴上设有安装座，在安装座上安装有

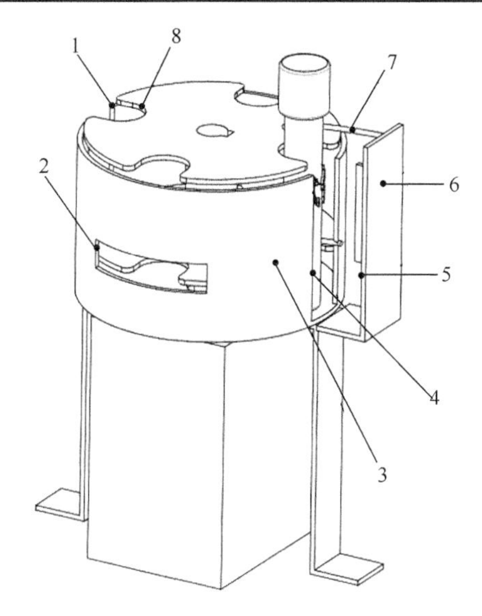

图 3-3　转盘结构示意图

1-试管进入缺口；2-推杆槽；3-转盘外壳；4-试管送出缺口 1；
5-试管送出缺口 2；6-挡板；7-试管引导杆；8-试管槽

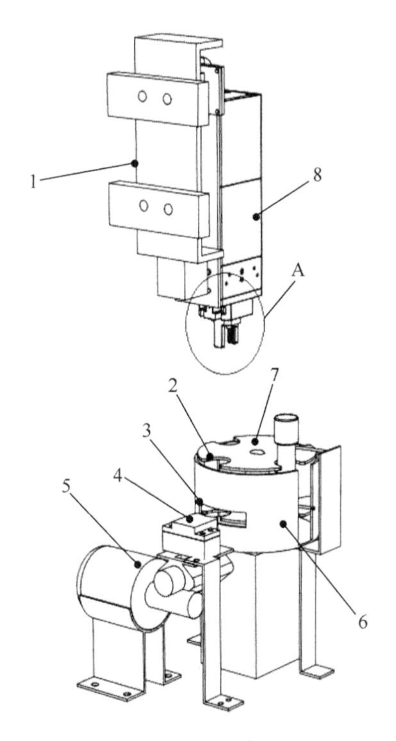

图 3-4　旋盖总机构示意图

1-夹爪固定架；2-试管槽；3-推杆槽；4-推杆；5-电动机；6-转盘外壳；7-中心转盘；8-机械夹爪

用于夹持试管盖的第一夹持器。定位装置包括伸缩机构，伸缩机构的伸缩头与筒体侧壁的中部相对应，在筒体的侧壁上对应伸缩头的位置设有用于使伸缩头通过的通孔，伸缩头的移动方向朝向通孔。

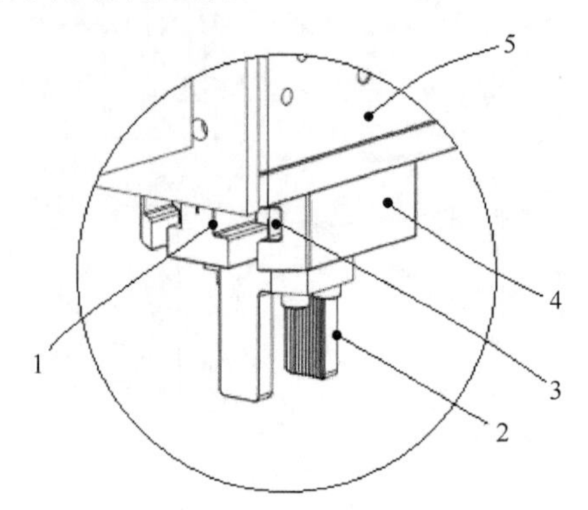

图 3-5 机械夹爪示意图

1-固定架 1；2-夹爪；3-夹爪滑块；4-固定架 2；5-旋转机构

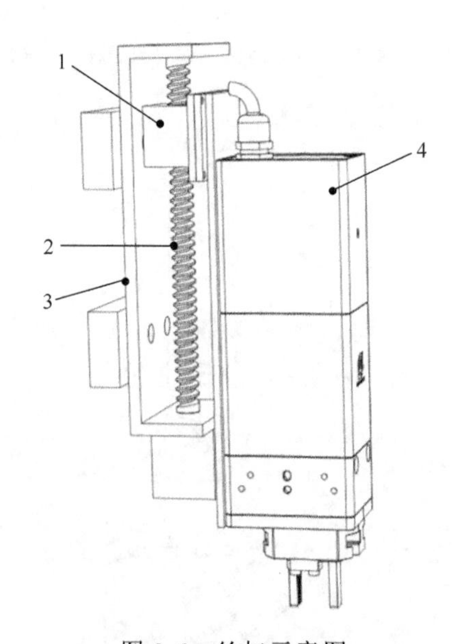

图 3-6 丝杠示意图

1-丝杠滑块；2-丝杠；3-固定座；4-机械夹爪

升降机构包括固设的固定座，在固定座上转动安装有竖向的螺杆，在固定座上位于螺杆一端的位置设有第二驱动电机，螺杆由第二驱动电机驱动，在螺杆上螺纹配合有移动块，第一驱动电机的上部固定连接在移动块上，第一驱动电机的中部滑动设置在固定座上，伸缩机构、升降机构、第一驱动电机和第二驱动电机均与主机电连接。第一夹持器包括竖向的第一夹爪和第二夹爪，第一夹爪和第二夹爪均为弧形结构且两者的凹面相向设置，在安装座内设有驱动机构，第一夹爪和第二夹爪的上端往返移动设置在安装座上且与驱动机构联动，驱动机构与主机电连接，另外，在安装座上对应第一夹爪和第二夹爪的位置均设置有燕尾槽，在第一夹爪上和第二夹爪上对应燕尾槽的位置设有滑块，滑块与燕尾槽相匹配且与之滑动配合。

开启试管盖时，伸缩机构带动顶块进入通孔中并将试管的中部抵紧，从而将试管固定在试管容置槽中，升降机构带动第一驱动电机向其下方的试管移动，并使第一夹持器移动至该试管的试管盖处，而后驱动机构带动第一夹爪和第二夹爪相互靠近使第一夹爪和第二夹爪夹持住试管盖。第一驱动电机带动安装座转动同时，第二驱动机构带动螺杆转动，使得第一驱动电机和试管盖同步上升，避免试管盖损坏或滑丝，试管盖拧下后，伸缩机构带动顶块回位，旋转盘可自由旋转，试管盖保留在第一夹持器上。当对试管进行封盖时，顶块重新压紧试管，升降机构下降并带动第一驱动电机旋转，当旋转到特定位置时，可以判断试管盖已经接触试管，并减缓第一驱动电机下降速度，确保第一驱动电机与试管盖同步下降，从而将试管盖旋紧在试管上。通过设计，确保试管被顶块压紧后与第一夹持器完全匹配，从而确保试管盖能够正常开启和关闭。

结合图 3-7 试管转移机构，试管转移机构包括横臂，横臂通过第二驱动机构往返移动设置在转盘和试管存储器之间往返移动设置，在横臂上靠近转盘的一端端头安装有第二夹持器，第二夹持器由电驱动和有开合结构的两个夹爪组成，两个夹爪为水平并列设置。

在筒体的侧壁上开设有第四缺口，第二夹持器的开口方向朝向第四缺口，在筒体的外壁上对应第四缺口的位置设有试管缓存槽，试管缓存槽其朝向横臂移动方向的一侧侧壁设置有敞口，在试管缓存槽的侧壁上设置有弧形杆，弧形杆延伸至旋转盘的上方用于将试管容置槽内的试管引导入试管缓存槽内，弧形杆和敞口分别位于第四缺口的两侧，弧形杆的一端端部为弧形且位于转盘的上方。当第一缺口转动至弧形杆处时，弧形杆绕设在第一缺口的一侧，弧形杆的另一端端部固定连接在试管缓存槽远离敞口的一侧侧壁上;横臂的另一端与第二螺杆螺纹配合，第二螺杆转动安装在第二安装座上并由第五驱动电机驱动，横臂与第二安装座滑动配合。

试管存储器包括开口向上的第二筒体,在第二筒体内转动安装有第二旋转盘,第二旋转盘的外圆周上开设有条形槽,条形槽的长方向沿第二旋转盘的半径设置,条形槽和筒体的侧壁之间形成第二试管容置槽，在第二筒体的底面上设置有绕第二筒体轴线的螺旋槽。螺旋槽用于容置试管的尾部并配合条形槽使试管保持直立

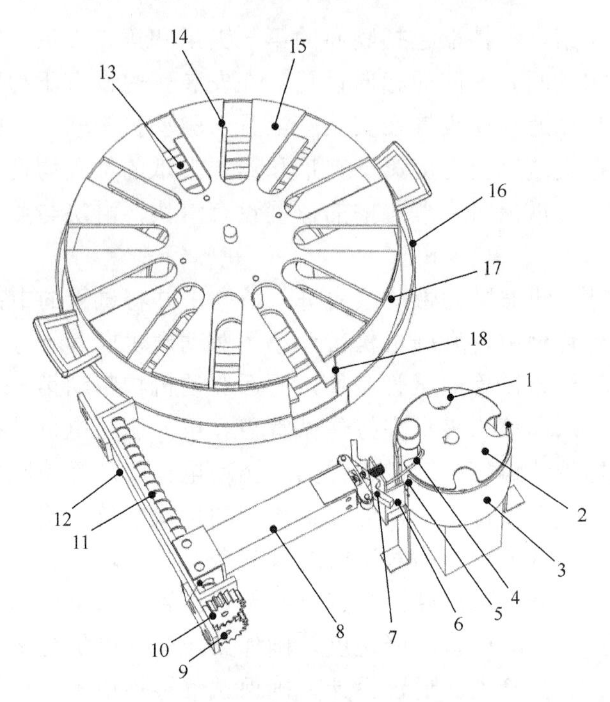

图 3-7　试管转移机构示意图

1-试管；2-中心转盘 1；3-转盘外壳；4-试管引导杆；5-试管送出缺口；6-挡板；7-夹爪；8-夹爪臂；9-齿轮 1；10-齿轮 2；11-螺杆；12-固定座；13-底盘螺纹；14-试管槽；15-中心转盘 2；16-固定底座；17-转动外壳；18-试管进入缺口

状态，在第二筒体的侧壁上对应第二试管容置槽的位置设置有一个第五缺口，当条形槽转动至第五缺口时，第五缺口与条形槽相对应，第五缺口朝向第二夹持器的移动方向，第五缺口与第二夹持器相对应且作为试管存储器的试管进口。第二筒体放置在机箱内，在第二筒体的下方设置有第三驱动电机，第三驱动电机的驱动轴穿过第二筒体后插接在第二旋转盘的中心处且两者通过花键配合，第三驱动电机、第五驱动电机均与主机电连接；在机箱的侧壁上对应试管存储器的位置安装有第二开启门，在机箱的侧壁上对应咽拭子棉签供应装置的位置安装有第三开启门。

剪断机构如图 3-8 和图 3-9 所示，棉签头剪断装置包括固定连接在机箱上的固定盘，在固定盘的中心处开设有中心孔，中心孔与咽拭子棉签收集口相对应，在固定盘上绕中心孔设置切刀，切刀的一端铰接在固定盘上，在固定盘上转动安装有与其同心设置的驱动环。

在驱动环和切刀之间设置有推杆，推杆的一端铰接在驱动环上，推杆的另一端铰接在切刀的中部，切刀向中心孔靠拢并形成剪切结构，驱动环由第三驱动机构驱动，咽拭子棉签收集口下部放置了具有高度差的两个光电门。

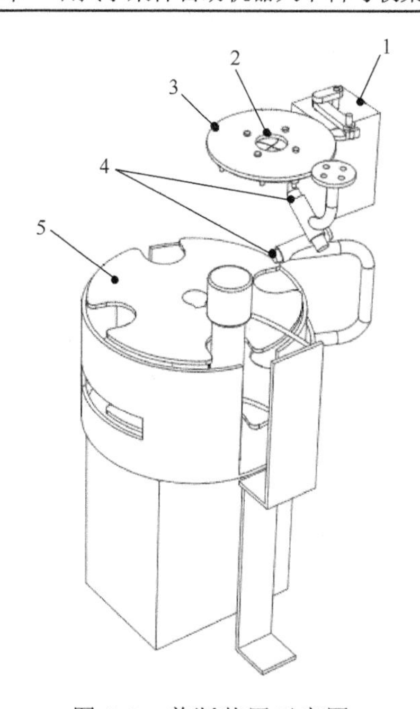

图 3-8　剪断装置示意图

1-电动机；2-咽拭子进入缺口；3-固定盘；4-酒精喷嘴；5-中心转盘

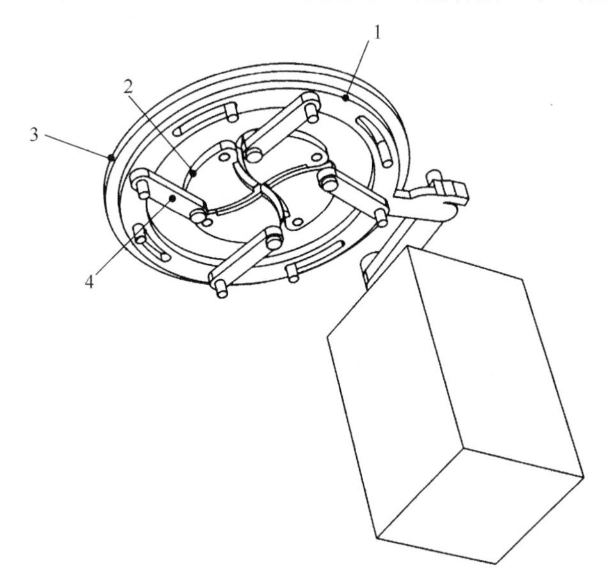

图 3-9　剪断机构示意图

1-滑动转盘；2-剪切刀；3-固定盘；4-连杆

第三驱动机构、光电门均与主机电连接，第三驱动机构带动驱动环转动，从而使推杆推动切刀向中心孔收拢并形成剪切结构，从而将中心孔内的咽拭子棉签剪断。在机箱内设置有消毒喷头，消毒喷头位于咽拭子棉签收集口处且朝向咽拭子棉签收集口、棉签头剪断装置及转盘，消毒喷头外接有消毒液供应系统，消毒液供应系统与主机电连接。本机构包含自助采样功能与咽拭子样品处理功能。

1) 自助采样机构

目前核酸检测大部分仍然利用人工检测的方式，不仅消耗了大量的人力物力资源，也增加了人员感染的风险[7-13]。即使是市面上存在的少数核酸检测装置，也普遍出现机械臂造价昂贵，医务人员指导效率低的问题。通过显示器、咽拭子棉签供应装置、摄像机、扫码器、棉签头剪断装置、试管供应机构、试管开盖机构、试管存储器等辅助被采样人员实现自助式咽拭子采样，摄像机和显示器对被采用人员的口腔进行实时录像和显示，便于被采样人员快速有效地进行咽拭子采样，避免使用昂贵的机械手等仪器，避免投入大量的医护人员，从而大幅降低制造成本，便于推广和使用。

2) 咽拭子样品处理机构

通过机械手处理采样工具，结构复杂且准确性差，且各个部件之间联系性差，自动化程度低[14]。本机构使用拧盖器与升降机、定位器搭配，配合试管转盘的固定凹槽，实现精准操作。本机构设计使用横臂配合第一、第二夹手、弧形杆以及巧妙的结构设计，大大减少了试管转移的复杂度，提高了工作效率。

3.1.2 结构运行流程

咽拭子采样自助设备是由医护人员将试管进料装置中进料箱与隔板一同抽出进行装料，装料完成后将进料箱与隔板一同放入其中，然后抽出隔板试管将会自动下落至下面的螺旋机构。

试管被其带动前进在螺旋机构尽头，由于挡板作用自动反转并进入试管转盘，此时控制电机带动它逆时针转动 90° 位于拧盖装置正下方，需要控制直线滑台使电动旋盖机构下落至合适位置。然后控制固定试管装置推进滑块固定试管底部，控制电动旋转夹爪对试管瓶盖加紧并旋转，然后需控制直线滑台将电动旋转夹爪拉回原来高度(带着试管瓶盖)完成一次开盖，再次控制试管转盘顺时针旋转 180°，位于咽拭子剪切机构正下方，等待做过检测的咽拭子伸入到剪切孔中。

咽拭子伸入剪切口后，剪切机构开始剪切，咽拭子将被剪切下落至试管，此时控制试管转盘逆时针转回旋盖机构下方，由旋盖机构将试管瓶盖拧到试管上，然后控制试管转盘顺时针旋转 180° 进行消毒处理。这时完成一次核酸检测。如果是单采即可控制试管转盘逆时针旋转 270° 由挡片挡出，进入下一个步骤，如果是混采则需要控制试管转盘逆时针旋转 180° ，再由拧盖装置将其拧开重复以上步骤，采样完成后由挡片挡出，进入下一个步骤。此时试管下料装置开始运作，试管移动到相应装置后，由电动机械夹爪对试管进行夹取然后由滑台将其向转盘方向移动，等到达相应位置后，电动机械夹爪松开试管，试管落入转盘中。此时控制转盘上方齿状结构旋转，由于转盘底部设计的螺旋结构，随着转盘上方齿状结构的转动试管会逐渐向中心靠拢实现对试管的收集，当转盘收集完成后可以将转盘由后方取出便于医护人员操作。

被采样人员通过咽拭子采样自助机器人进行自助式咽拭子采样时，使用手机扫描信息登记网站进行登记，登记后生成核酸检测预约二维码，将核酸检测预约二维码对准扫码器，扫码器对二维码信息进行提取，并将被采样人员的身份信息发送至主机。主机接收到个人二维码信息后，开始执行采样程序；执行程序分别为软件层面和硬件层面。主机将二维码信息录入数据库，同时将个人信息与试管供应机构中当前的试管进行统一，然后调取摄像机图像信息，调取出图像。主机向试管供应机构与转盘发送调取试管指令。传动蜗杆旋转，将试管箱中的试管向转盘调取。当试管排入至转盘的试管容置槽后，第一传感器向主机发送试管进入转盘的指令，执行下一步。主机接收到试管进入转盘的指令后，向试管供应机构发送停止供应试管的指令，第四驱动电机停止，使传动蜗杆不再进行试管传输。控制转盘将转盘上的试管旋转至试管开盖机构处，然后令试管开盖机构对该试管进行开盖，开盖完毕后，将该试管转移至咽拭子棉签收集口的正下方，执行下一步。

当调取出摄像机的图像且试管放置到位后，通过咽拭子棉签供应装置向被采样人员供应咽拭子采样棉签，并通过扬声器提示被采样人员从咽拭子棉签供应口中取出咽拭子采样棉签并进行咽拭子采样。软件系统在视频上标定出口腔框，提示人员将口腔移动到口腔框内部，并确保口腔能填满口腔框。当口腔框中的口腔较小时，提示被采样人员："请靠近一点"；当口腔框中的口腔较大时，提示被采样人员："请远离一点"；当口腔框中的口腔位置合适时，提示被采样人员："当前位置合适"，开始执行下一步，否则，重复执行上一步骤。

在判定口腔位于合适位置后，通过口腔靶点识别方法对口腔内部的咽后壁(悬雍垂)及扁桃体确定咽拭子采样靶点进行识别，若没有识别出，进行语音播报："请啊出声"，摄像机进行识别；若识别出则执行下一步。在识别出咽拭子采样靶点后并在显示器的画面中显示，语音播报："请用咽拭子采样棉签沿咽拭子采样轨迹刮拭咽拭子采样靶点"，提示人员使用咽拭子采样棉签刮拭识别区域，通过咽拭子识别方法对咽拭子采样棉签头部进行采集。同时，显示器在显示被采集人员喉部信息的同时，显示出采样实例图，供被采样人员参考。对其中咽拭子棉签头部进行跟踪和轨迹预测，并得到预测的咽拭子采样轨迹，其中咽拭子采样轨迹为合格的咽拭子采样轨迹。

咽拭子采样棉签头部进入口腔后，通过计算咽拭子棉签头部位于口腔内的深度和咽拭子采样靶点的深度是否在设定范围内，是则可认为被采样人员本次咽拭子采样有效。在人员完成咽拭子采样后，开始执行咽拭子采样的存样。通过软件提示与硬件结合的方式，进行存样。软件系统的显示器显示出咽拭子棉签收集口的位置，并通过画面提示咽拭子采样棉签入口的方式，语音播报："请将咽拭子采样棉签头朝下送入咽拭子棉签收集口"。执行下一步。

咽拭子棉签收集口下部放置了具有高度差的两个光电门，当咽拭子采样棉签进入咽拭子棉签收集口后先遮挡第一个光电门，棉签头剪断装置不触发，当遮挡第二个光电门后，判断咽拭子采样棉签深度合适，棉签头剪断装置迅速触发并将咽拭子采样棉签的头部剪断，该头部落入下方的试管中，执行下一步。在咽拭子采样棉签的头部落入下方试管后，第一个被采样人员完成核酸采样，语音播报提示："已完成采样，请消毒后离开"。混采的话，每个试管混采十个人，因此提示下一个咽拭子采样人员开始咽拭子采样。当十位被采样人员完成咽拭子采样时，则提示该试管已经存满，开始进行封盖。

主机发送封盖指令，转盘将试管旋转至试管开盖机构处，试管开盖机构将保留在其上的试管盖重新旋合在该试管上，执行下一步。封盖完成后，转盘旋转至第四缺口处并继续旋转，该试管被弧形杆从试管容置槽中拨出并移动至试管缓存槽中，同时试管位于第二夹持器中。消毒喷头对咽拭子棉签收集口、试管、棉签头剪断装置和转盘进行消毒，执行下一步。第二夹持器夹持住该试管并通过横臂将该试管移动至试管存储器处，并经试管进口进入试管存储器中的条形槽中，第二旋转盘转动，在条形槽、第二筒体和螺旋槽的共同作用下使得试管在第二试管容置槽中向试管存储器的中部聚拢，横臂回位，执行下一步。对试管存储器的余量进行计算或检测，当试管存储器装满后，提示现场工作人员进行更换。现场工作人员可以照看多台本节研发的自助式采样装置，负责自助式采样装置中试管箱和试管存储器的更换及咽拭子采样棉签的补给。与现有技术相比，通过在显示器的画面内示意器官特征的咽拭子采样靶点和咽拭子采样轨迹，对被采样人员进行示教，被采样人员可以根据示教内容对自己进行咽拭子采样，直观易学习且易操作，采样效率高，不用医护人员值守。

通过对咽拭子棉签头部的识别和跟踪，判断咽拭子棉签头部是否成功擦拭用于核酸检测的器官特征，从而实现被采样人员的自助式咽拭子采样，避免使用价格昂贵的机械手，从而大幅降低制造成本，便于推广。另外，被采样人员自行采样时可有效避免对口腔造成损伤，咽拭子采样本身不是很复杂的采样过程，具备一定动手能力的人员通过显示器的示教内容进行学习后可快速掌握。咽拭子采样自助机器人可主要应用于青年和中年人群，其他人群可在医护或第三方人员陪同的情况下使用，从而可大幅缓解核酸检测人员需求压力，同时降低核酸检测的成本[15-19]。

3.2　试管自动供应装置

目前，在咽拭子采样过程中，试管供应大多情况为人工供应，部分情况由机械传送机构供应，少数情况为机械臂供应，从成本和效率上综合考虑，采用机械传送机构作为试管自动供应装置较合适[20]。

我国生产的自动供应装置结构简陋，下料效率始终不高，虽然经过几十年的发展，近期产品的质量较早期有所提高，但受国产配套件质量及设计水平等的影响，我国目前生产的自动下料机的总体水平与进口产品及港口用户的要求仍有较大差距，自动供应装置的生产也是如此[21]。另外，关于试管的供应，可以通过传送机构和机械臂等收取拿放试剂管，成本较高，且自动化程度低。为满足市场需求，研发一款新型的自动供应装置势在必行。全自动送料接替传统的手工操作，提高物料利用率，下料速度快。节约人工，一人可操作多台机。所有数值尺寸均由计算机计算，正确率高，零故障率。操作简单，一般工作人员通过厂家短时间内培训就可直接上岗。机器运行中可在任何时间暂停、增降速度、调节送料数量，适合使用于不一样行业，可运送多种物料。

3.2.1　结构分析

试管自动供应装置包含存储机构与送料机构。

1) 存储机构

市面上下料装置总会出现卡壳的情况，解决卡壳情况具有两种方式：一种是通过人工发觉，在机构卡壳时及时关闭机器，并对物料进行调整；另一种则是在下料口的一侧增加震动装置，进行震动疏通[23,24]。

存储机构箱体内设有若干竖直固定挡板，防止多试管在下料过程中出现卡壳现象，在箱体底部设有横向凹槽，与隔板相配合，在将箱体取出后，进行填料，隔板防止物料从箱体下方露出，填料完成后将箱体放回，抽出隔板，实现下料。存储机构下料过程简单，耗材低，无须通过安装震动装置，拆卸方便，遵循节能、节俭原则。存储机构如图 3-10 所示。

2) 送料机构

螺旋蜗杆左侧连接步进电机，轴的下方有支架支撑，用来固定螺旋蜗杆，启动步进电机，试管会随着螺旋蜗杆的转动而沿着轴线方向移动。最后阶段，在螺旋蜗杆的推力作用下，通过固定小挡板的平滑曲面，试管的一端会掉入固定挡板空出的部分，螺旋蜗杆继续向前推进，试管会被直立地送出。

送料机构采用蜗杆传动，与传统的蜗杆传动不同，本机构没有涡轮，只是借

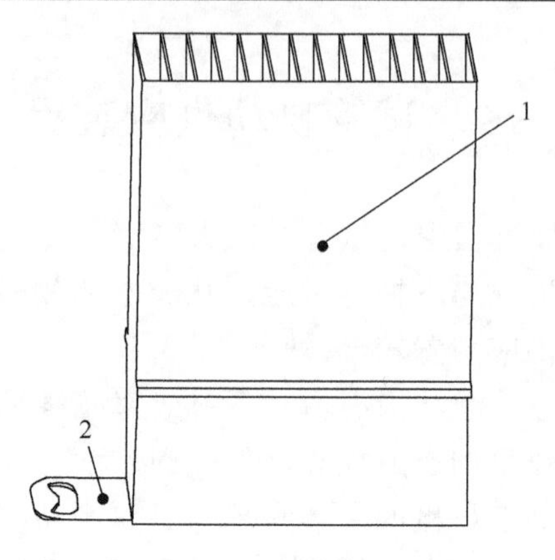

图 3-10　存储机构示意图

1-箱体；2-隔板

用蜗杆本身的结构特性来实现送料，与传统的送料机构相比，本机构只需一个步进电机，就能实现试管反转和试管传输两个功能，通过对步进电机的控制，能精确定位传输试管的距离，控制送料的数量。送料机构如图 3-11 所示。

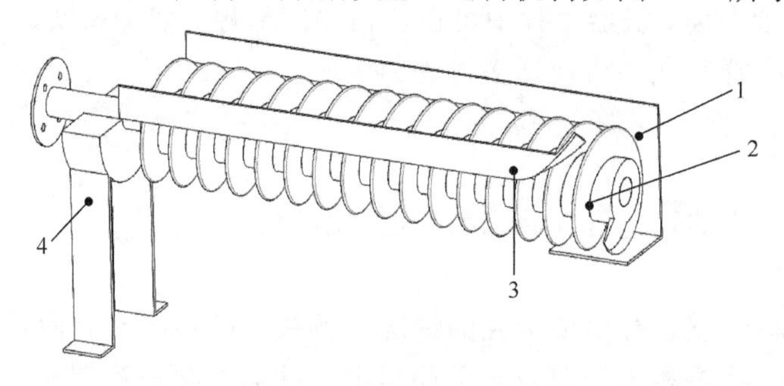

图 3-11　送料机构示意图

1-大挡板；2-蜗杆；3-小挡板；4-蜗杆支撑架

3.2.2　参数分析

1) 材料强度

咽拭子采样自助设备的工作环境一般在室内，但也不排除在室外恶劣环境下使用，这就需要机构的密封性、稳定性、材料强度达到一定的要求。考虑到本机构主要受电机运动产生的冲击载荷影响，为保证机构长时间运作不会存在安全隐患，在机构运转过程中零件不会发生不可逆的变形甚至断裂，因此对固定机架的强度硬度要求较高。

综上所述，机构外壳或者零件材料应选取机械强度较高，塑性、韧性好及加工等综合性能好的普通碳素结构钢 Q235，且较普通结构钢而言，冶炼方便、焊接性能较好、成本较低[25]。此外，国内对此种材料的加工工艺比较成熟，方便加工和后续的改进。

2) 电机选型

为使试管自动供应装置正常运行，需计算得出所需转速、扭矩、功率。其中，电机转速为

$$n = \frac{60f}{p} \tag{3-1}$$

式中，n 为转速，f 为电源频率，p 为磁极对数。

电机扭矩为

$$T = \frac{9550P}{n} \tag{3-2}$$

式中，T 为扭矩，单位为 N · m；P 为输出功率，单位为 kW；n 为电机转速，单位为 r/min。

电机功率为

$$P = F \times \frac{V}{1000} \tag{3-3}$$

式中，P 为计算功率，单位为 kW；F 为所需拉力，单位为 N；V 为工作机线速度，单位为 m/s。

对于恒定负载连续工作方式，可按式(3-4)计算所需电机的功率

$$P_1 = \frac{P}{\eta_1 \eta_2} \tag{3-4}$$

式中，η_1 为生产机械的效率，η_2 为电动机的效率，即传动效率。

电机在某种测试条件下测得运行中输出力矩与频率关系的曲线称为运行矩频特性[26]。对于步进电动机，电机力矩与频率关系如图 3-12 所示。

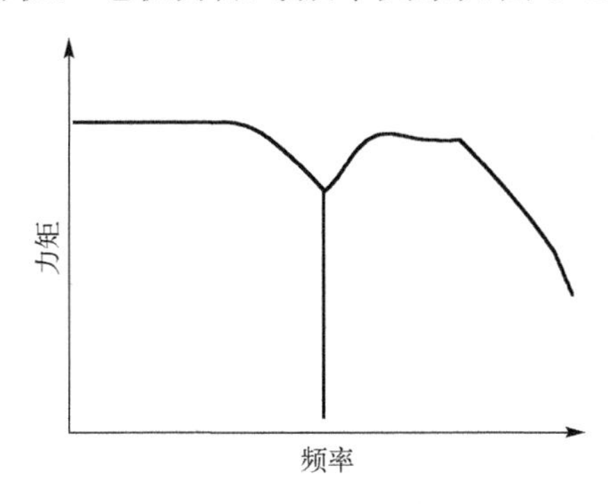

图 3-12　电机力矩与频率关系图

根据设备的性能要求，选择额定电压为 220V 的混合式步进电机，相对于其他电动机而言，混合式步进电机的结构简单、使用和维修方便、操作可靠性高、重量轻、成本低[27]。由上述参数可得出电机在 75%～100%额定负载率时，效率最高。经计算当电机功率达到 150kW 时可保证机器正常运转。

3) 电机控制方式

步进电机采用闭环控制，闭环控制相对开环控制在快速性方面提高了定量评价，可通过某个路径间隔的时间得出

$$\frac{T_{开环}}{T_{闭环}}=0.625\sqrt{\frac{N}{n}} \tag{3-5}$$

应用闭环驱动，效率可增加到 7.8 倍，输出功率可增加到 3.3 倍，速度可增加到 3.6 倍。闭环驱动的步进电机的性能在所有方面均优于开环驱动的步进电动机，并且闭环驱动具有步进电机开环驱动和直流无刷伺服电机的优点[28]。闭环控制下，输出功率与转矩曲线得以提高，原因是电机励磁转换是以转子位置信息为基础的，电流值决定于电机负载。因此，即使在低速度范围内，电流也能够充分转换成转矩。采用闭环控制，可得到比开环控制更高的运行速度，更稳定的转速；利用闭环控制，步进电动机可自动地、有效地被加速和减速。

本机构送料过程中需要精确性高，可操控性强，因此选取 110 闭环步进电机驱动器套装 110ECP185ALCS-TK0 16NM，在闭环控制的步进电机系统中，可在具有给定精确度下跟踪和反馈时扩大工作速度范围，可在给定速度下提高跟踪和定位精度，可得到极限速度指标和极限精度指标。这种控制方式是直接或间接地检测出转子或负载的位置或速度，然后通过反馈和适当处理，自动地给出步进电机的驱动脉冲序列，该驱动脉冲序列根据负载或转子的位置而随时变化。在要求精度很高的场合，结合微步驱动技术及微型计算机控制技术，可以达到很高的位置精度要求。

3.2.3　结构运行流程

将所用到的试管依次放入箱体的每个竖直隔板之间，箱体内设有若干竖直固定挡板，防止多试管在下料过程中出现卡壳现象，在箱体底部设有横向凹槽，与隔板相配合，在将箱体取出后，进行填料，隔板防止物料从箱体下方漏出。填料完成后将箱体放回，抽出隔板，试管从箱体下方露出，每个孔下方对应螺旋蜗杆的螺旋槽，试管进入传送阶段。

在第一滑轨的左端端口处固定设置有与传动蜗杆的轴向平行设置的竖向挡板和水平底板，其中竖向挡板和水平底板两者的左侧侧边均与传动蜗杆的左端端面

齐平，竖向挡板靠近传动蜗杆的前侧并在该竖向挡板和螺纹槽之间形成试管夹持槽。在螺旋叶片的左端端头、竖向挡板的左侧侧边和水平底板的左侧侧边之间形成试管出口，在第二滑轨的左端端头上固定连接有将试管头部向上和向竖向挡板导引的弯曲部。其中弯曲部包括相互固定连接的竖向推板和支撑板，竖向推板和支撑板均为向上且向竖向挡板延伸的弧形结构，支撑板用于将试管的头部抬高，竖向推板用于使试管向竖向挡板移动。

启动与螺旋杆相连的步进电机，螺旋蜗杆左侧连接步进电机，启动步进电机，试管会随着螺旋蜗杆的转动而实现向螺旋蜗杆轴线方向的直线位移。螺旋蜗杆的轴线方向两侧装有固定挡板和固定小挡板，来保证运输过程中试管不会随着螺旋蜗杆的旋转而掉落，传动蜗杆转动，使得试管在螺旋叶片的推力作用下沿第一滑轨和第二滑轨移动并移动至弯曲部和竖向挡板处。

试管从第一滑轨和第二滑轨两者的左端排出后，由于弯曲部的导引作用将试管的头部抬高，使得试管的尾部向竖向挡板和传动蜗杆之间的夹持槽内掉落。传动蜗杆继续转动的情况下，试管完全掉落至夹持槽内后水平底板支撑在试管的尾部并使试管呈竖向状态，随后试管在螺旋叶片推力的作用下可呈竖向状态从试管出口排出。固定小挡板的横向面，在传输的最后阶段平滑向上弯曲，而固定挡板在最后一段空出了一小段距离，当试管被螺旋蜗杆移动到此位置时，通过螺旋蜗杆的推力和固定小挡板的平滑曲面，试管的一端会掉入固定挡板空出的部分。

螺旋蜗杆继续向前推进，试管会被直立地送出，为后续的操作做准备，其中试管箱中最右边试管通道内的试管先排空，而试管箱中最左边试管通道内的试管最后排空。

3.3　试管拧盖装置

试管拧盖装置涉及一种全自动试管去盖、拧盖以及加盖装置。目前，在现有行业中试管主要依靠人工手动将试管盖帽旋上，容易造成样本交叉污染[29-31]；而且每次都需要更换无菌手套进行操作，导致工作人员劳动强度增大、效率低下；同时由于每个人的力度均有不同，采用手工方式拧开或拧上试管盖帽，经常出现拧得不紧或者拧得太紧导致试管管口破裂的情况，严重影响正常使用。

陆金华[32]等发明了一种能够对盛放咽拭子的试管进行自动开盖的开盖器，其中包括底座、放置座，放置座设置在底座上。管体夹持装置设置在底座上，对试管夹持固定，试管盖夹持旋转装置用于将管体夹持装置固定的试管打开。试管盖夹持旋转装置通过升降装置设置在底座上，用于控制管体夹持装置、试管盖夹持旋转装置以及升降装置进行联动的控制装置，其中控制装置分别与管体夹持装置、试管盖夹持旋转装置以及升降装置通信连接。夹持试管管体的静态夹持块设置在底座的一侧上，设置在底座另一侧的是用于夹持试管管体的动态夹持块，在动态夹持块上设有与控制装置通信连接的第一压力传感器。

目前，试管拧盖装置主要由传送机构和机械臂完成，成本较高且自动化程度低，我国目前生产的自动拧盖机的总体水平与进口产品仍有较大差距，为满足市场需求，研发一款新型的自动拧盖机装置势在必行。

3.3.1 结构分析

在咽拭子采样完成后需通过试管对咽拭子棉签的头部进行收集，然后将试管送至检验机构进行处理，为实现自动化，设计一种机械拧盖结构对试管进行开盖和合盖。试管的拧盖结构大多包括用于固定试管的夹爪和用于将试管盖拧开或关闭的旋转装置，但是夹爪夹持试管的过程比较复杂且费时较多，另外，当拧盖结构对转盘上的试管进行拧盖时，拧盖结构和转盘结构两者占用空间较大。针对现有技术中的问题，本节提出一种试管拧盖机构[33]，目的在于简化固定试管的结构，提高拧盖结构和转盘两者整体的紧凑性。

本机构包含夹持机构与旋拧机构。

1)夹持机构

夹持机构采用齿轮传动和滚阻丝杠传动，其中电机与丝杠之间采取的是齿轮传动。伸缩头与丝杠则是滚珠丝杠传动，在丝杠和伸缩头上加工有弧形螺旋槽，当把它们套装在一起时可形成螺旋滚道，并且滚道内填满滚珠，当丝杠相对于伸缩头做旋转运动时，两者间发生轴向位移。

滚珠则可沿着滚道滚动，减少摩擦阻力。滚珠在丝杠上滚过数圈后，通过回程引导装置(回珠器)，逐个滚回到丝杠和伸缩头之间，构成一个闭合的回路管道。伸缩头中的滚珠与丝杠形成配合，当电机转动时，由于齿轮的传动，丝杠会跟着转动，伸缩头因为自由度的原因，会根据丝杠转动圈数和速度，来决定伸缩头的位移大小和位移速度。因此，只要控制电机的转速和转数，就可以控制伸缩头来实现部分功能。夹持机构如图 3-13 所示。

2)旋拧机构

旋拧机构夹爪部分采用齿轮齿条配合，夹爪通过螺钉固定在齿条上，固定外壳上有凹槽，与齿条进行配合，保证齿条只能横向滑动，两齿条中间与齿轮进行配合，齿轮又与电机的轴相配合，启动电机时，齿轮也会跟着转动，从而带动齿条进行滑动，以此实现夹紧盖子的功能。

旋拧机构旋转部分采用的是滑环机构，主要分为导电环和电刷两部分。滑环的原理由结构决定。滑环原理是指部分旋转式滑动接触。本质是一个固定的物件

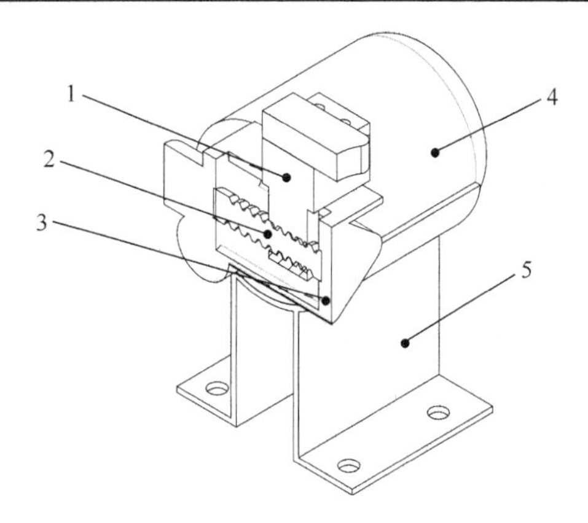

图 3-13　自动夹持机构示意图

1-伸缩头；2-丝杠；3-丝杠固定座；4-电动机；5 电动机支撑架

静止不动，连接一部分能旋转的活动部件，而这个连接外部部件的结构是通过电刷接触滑环传输信息，因此避免了滑环向电机通电、电线发生缠绕从而影响旋转功能的问题，旋拧机构如图 3-14 所示。

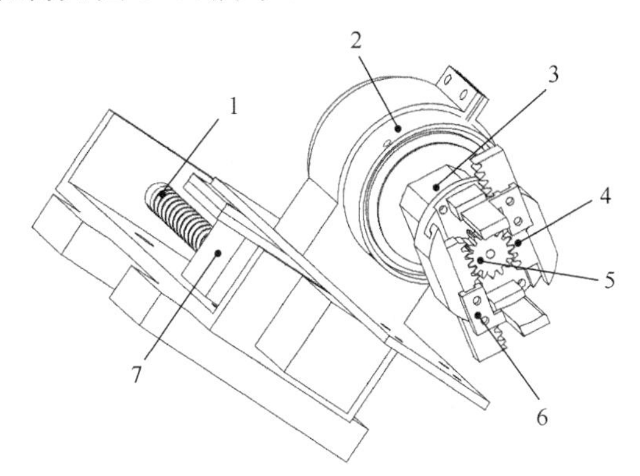

图 3-14　自动旋盖旋拧机构示意图

1-丝杠；2-滑环；3-电动机；4-齿条；5-齿轮；6-夹爪；7-移动座

3.3.2　参数分析

1) 齿轮参数匹配

试管拧盖装置的夹爪选用齿轮传动，具体参数如下：

选取的齿轮模数为 2、左旋和精度 6S 级。齿条选取长度是机构运行长度加上预留安全距离、齿条单根长度为 50mm 齿条能承受的最大驱动力。选取长度和齿条的材料、加工工艺、模数、齿轮模数有关[34,35]。模数是表示齿轮的齿形形状大小的数值，只有当两个齿轮的模数和压力角相同时才能进行啮合传动。模数计算

过程为

$$m = \frac{d}{z} \tag{3-6}$$

式中，d 为基准圆直径，z 为齿数。模数越大，负载能力越强。本机构采用模数为 2。

根据实际应用情况，负载力×基准圆半径×安全系数要小于容许传递力。基准圆直径也就是分度圆直径影响移动速度，具体计算过程为

$$\omega = 2\pi \frac{n}{60} \tag{3-7}$$

$$v = \omega r \tag{3-8}$$

2) 丝杠参数匹配

试管拧盖机构位移方式选择丝杠传动。与其他机构的效率相比，丝杠传动更加精确且平稳[36,37]。在最近的数十年中，工程塑料材料和新的制造工艺的出现改变了这种情况，良好和合适的设计可以使滑动丝杆成为运动控制设计中高效的解决方案。

丝杆的作用是将旋转运动转化为直线运动，或转动的力(扭矩)转化为直线的力(推力)。为便于理解，忽略滑动丝杆的牙型角，而将其简化为一个环绕圆柱向上的斜面，呈一个螺旋线。在这种情况下，斜面的抬升就等同于丝杆的线性运动，而斜面的运动就等同于丝杆的旋转运动。

试管拧盖机构明确推力和线性速度。计算最大轴向推力，本节考虑加速度、负载、负载方向、阻力等。最大速度取决于完成包括加减速过程在内的整个行程的时间。大多数情况下，最大推力将会细化丝杆直径的可选范围，丝杆的临界速度也将限制直径的选择范围，相比于大导程丝杆，小导程丝杆的分辨率更高。试管拧盖机构选取了合适的螺纹升角、牙型角和摩擦系数，使得丝杆具有自锁功能，丝杆副需要在断电并带载的情况下，仍保持位置不变。

将直线推力和线性速度转化为扭矩和旋转速度。由式(3-9)和式(3-10)可得，改变丝杆的导程将同时影响驱动扭矩和旋转速度，从而影响最终性能。式(3-9)显示改变效率将影响所需的驱动扭矩。在丝杆直径和导程不改变的前提下，可以通过改变摩擦系数从而提高丝杆副的效率，一般实现的方法有改变螺母材质或对丝杆进行表面涂覆等。

$$驱动扭矩 = \frac{导程 \times 推力}{2\pi \times 效率} \tag{3-9}$$

$$旋转速度 = \frac{线性速度}{导程} \tag{3-10}$$

丝杆副的计算参数如下：

安装的结构将决定机构的最大可旋转速度，其参数见式(3-11)，假设螺杆弹性系数是 28Mpsi(螺杆材料为 303 不锈钢)。通常，最大旋转速度取临界速度的75%，以应对制造和安装误差。

$$\mathrm{CS} = \mathrm{MF} \times 4.7 \times 10^6 \times \frac{\mathrm{RD}}{L^2} \tag{3-11}$$

式中，CS为临界速度，MF为安装系数，RD为丝杆底径，L为支撑点间距。

当采用工程塑料材质的螺母时，需要考虑压力速度(PV)值[38]。发热源于丝杆和螺母之间的摩擦，其与推力和旋转速度是直接关联的。PV 过载可导致丝杆副在短期内就失效。

在实际应用中，可通过减小推力，减小直线速度或者增大导程等减小 PV 值，计算过程如下

$$\mathrm{PV} = \frac{\mathrm{LS}}{l} \times \frac{P}{\mathrm{OD} - \mathrm{RD}} \times \frac{10}{3} \tag{3-12}$$

式中，PV为压力速度，LS为线性速度，l为导程，P为负载，OD为丝杆外径，RD为丝杆底径。

滚珠丝杠副可用润滑剂来提高耐磨性及传动效率，润滑剂分为润滑油及润滑脂两大类，润滑油用机油、90～180 号透平油或 140 号主轴油。润滑脂可采用锂基油脂，润滑脂加在螺纹滚道和安装螺母的壳体空间内，而润滑油通过壳体上的油孔注入螺母空间内。滚珠丝杠副和其他滚动摩擦的传动元件，只需避免磨料微粒及化学活性物质进入，就能够保证这些元件几乎是在不产生磨损的情况下工作的。但如果在滚道上落入异物，或使用非洁净的润滑油，不仅会妨碍滚珠的正常运转，而且会使磨损急剧增加。

3) 导电滑环参数匹配

试管拧盖装置导电滑环部分是负责为旋转体接通、输送能源与信号重要的电气部件。导电滑环通常安装在设备的旋转中心，分为旋转与静止两大部分。关于导电滑环的选型，如果选择不当，将会导致设备不能正常运转或运转障碍而损坏设备，更严重可能会发生灾难性事件。

(1) 导电滑环为过孔式安装，法兰安装为平面安装，分别采用设备平面安装孔，选择外法兰固定，内轴转动。

(2) 导电滑环需要精确转动圈数，因此需要选择高精度滑环。例如，电路为10 路，电流为 2A，电压为 220V 的导电滑环。一般来说路数越多、电流越大，电压越高，体积就会越大，导电滑环的制作工艺就需要更精密；由于体积的限制，

导电滑环的路数都有一定的上限，体积越大，能够安全传输的路数越多。本滑环采用电磁信号传输，不需特殊处理，大大减少了制作成本，保证信号传输的稳定性和接收的及时性。

(3)本机构滑环转速可达 120r/min，完全可满足短时间旋盖的需求，做到利用率最大化，设备在旋转过程中，会产生一种离心力，当离心力超出了一定的范围，对于旋转过程中的产品会有很大的损害，在导电滑环内部因磨损而产生的粉末不及时清理将会导致导电滑环的波动值变大，绝缘性能受到影响，甚至会影响设备的正常使用。

(4)本机构滑环大多在密闭环境下使用，无须担心因外界因素的影响，而导致滑环损坏。选择合适的导电滑环型号非常关键，对产品的成本估算、产品竞争力都有极其重要的影响，因此在选择导电滑环型号的同时，需要兼顾可行性、导电滑环产品可靠性以及导电滑环产品的成本等因素。

3.3.3 结构运行流程

试管拧盖机构可在指定位置进行试管拧盖操作，以上显示和描述了本机构的基本原理、主要特征和优点。

(1)首先作用于转盘的电机转动，将试管从入盘口转 90°到机械夹爪区域下方；再由电机驱动伸缩装置，将伸缩头通过侧壁的通孔送入转盘中，将试管夹在伸缩头与转盘燕尾槽中间，使之固定。

自动拧盖机构如图 3-15 所示，包括转盘，其中转盘包括开口向上的筒体，在筒体内转动安装有旋转盘，其中旋转盘的外圆周上开设有缺口，缺口和筒体的侧壁之间形成试管容置槽。在转盘的上方设置有拧盖器，其中拧盖器包括通过升降机构升降设置的第一驱动电机，第一驱动电机的驱动轴的端部设有安装座，在安装座上安装有用于夹持试管盖的夹持器。在筒体的一侧设置有定位装置，定位装置包括伸缩机构，伸缩机构的伸缩头与其中筒体侧壁的中部相对应，在筒体的侧壁上对应其中伸缩头的位置设有用于使伸缩头通过的通孔，伸缩头的移动方向朝向其中通孔。升降机构包括固设的固定座，在固定座上转动安装有竖向的螺杆，在固定座上位于螺杆一端的位置设有第二驱动电机，其中螺杆由第二驱动电机驱动，在螺杆上螺纹配合有移动块，第一驱动电机的上部固定连接在移动块上，其中第一驱动电机的中部滑动设置在固定座上。

(2)之后升降装置启动，将固定在升降装置的夹爪下移到合适的抓取位置；之后启动夹爪的夹持部分将试管盖子加紧，再由夹爪的旋转部分将加紧的试管盖子拧下。再由升降装置将夹爪升起，待向试管内操作的其他工序结束后，再落下，夹爪实施工作，将试管的盖子拧紧。

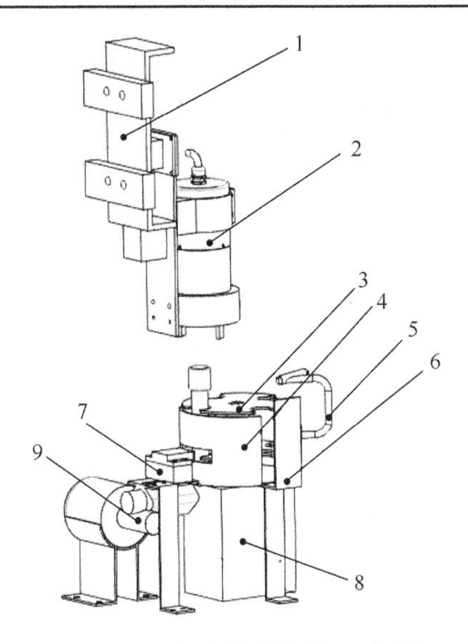

图 3-15　自动拧盖机构示意图

1-丝杠固定板；2-旋拧夹爪；3-转动盘；4-转动盘外壳；5-酒精喷头支架；
6-试管槽；7-伸缩头；8-转盘电动机；9-伸缩装置电动机

夹持器包括竖向的第一夹爪和第二夹爪，第一夹爪和第二夹爪均为弧形结构且两者的凹面相向设置，在第一夹爪和第二夹爪之间形成用于夹持试管盖的夹持槽，在安装座内设有驱动机构，第一夹爪和第二夹爪的上端往返移动设置在安装座上且与驱动机构联动。在安装座上对应第一夹爪和第二夹爪的位置均设置有燕尾槽，在第一夹爪上和第二夹爪上对应燕尾槽的位置设有滑块，其中滑块与燕尾槽相匹配且与之滑动配合。

在驱动机构的驱动轴上套有驱动齿轮，在安装座内对应滑块中部的位置设置有安装室。其中滑块的中部及驱动齿轮均位于安装室内，驱动齿轮位于第一夹爪和第二夹爪两者的滑块之间，在滑块上对应驱动齿轮的位置设置有条齿，滑块与驱动齿轮啮合。驱动机构为伺服电机且带动驱动齿轮转动，驱动齿轮带动第一夹爪和第二夹爪两者的滑块同步移动，使得第一夹爪和第二夹爪相互靠拢或者远离。

(3)最后，在使用机器过程中，试管侧面固定有消毒装置，对试管旁的空间和夹爪进行消毒。接着电机驱动转盘，将试管从带有引导棒的一侧推出进入到槽，进行下一部分的操作。

伸缩机构包括第三驱动电机，在第三驱动电机的驱动轴处设有第二固定座，在第二固定座内转动安装有蜗杆，蜗杆的轴向与伸缩头的移动方向相同，第三驱动电机的驱动轴上固套的涡轮与蜗杆啮合，在蜗杆上螺纹配合有滑座，滑座滑动设置有在第二固定座上，伸缩头固设在滑座上。

本机构的工作原理：将试管呈竖向放入试管容置槽内，旋转盘带动试管转到通孔处，伸缩杆带动伸缩头伸入通孔内并抵接在试管上，而后升降机构带动第一驱动电机下降。第一驱动电机带动夹持器至试管盖处，夹持器夹持在试管盖上后第一驱动电机带动试管盖旋转，同时升降机构带动第一驱动电机和试管盖保持同步上升，当第一驱动电机上升高度大于试管盖的螺纹高度后认定试管已开启，则伸缩机构带动伸缩头回位。旋转盘可带动试管转移到其他工位，试管盖保留在夹持器上；开口后的试管需要重新封盖时，旋转盘带动试管盖回位，升降机构带动第一驱动电机下降，当达到夹持器靠近试管瓶时第一驱动电机旋转，并使第一驱动电机与试管盖同步下降，在试管盖旋拧到试管瓶上后夹持器松开试管盖，并使第一驱动电机回位。按试管盖的旋转速度计算试管盖的升降速度，按试管盖的升降速度调整第一驱动电机的升降速度，第一驱动电机的升降速度由螺杆的旋转角度决定，螺杆的旋转角度由第二驱动电机控制，安装座的旋转速度即为试管盖的旋转速度且由第一驱动电机控制。

3.4　试管的下料结构

在试管应用过程中，通过转盘作为载体来移动试管，移动的试管在不同工位进行作业，试管完成下料后需要将转盘上的试管进行转移，以使转盘上可以放置其他试管。

廖芳波[39]等发明了一种剥标贴标机，其试管下料机构包括插接固定于底座上表面的下料管、安装于下料管远离转动盘一侧的安装座、安装于安装座顶端的液压缸以及固接于液压缸的活塞杆且用于推动转动辊的下料板，下料管的中心线与试管槽的中心线重合设置，液压缸与控制器电连接；下料板靠近夹紧组件的两侧均设置有支撑板，下料板上还设置有用于驱动两个支撑板相互靠近或者相互远离的移动组件。其试管下料机构结构复杂，且需要设置动力机构才能使试管从试管传送装置中取出，成本较高。

3.4.1　结构分析

针对现有技术中的问题，本节研发一种试管的下料结构[40]，目的在于实现转盘上试管的自动下料，简化结构并降低成本。

本机构包含存储机构与装料机构。

1) 存储机构

第二筒体内转动安装有第二旋转盘，第二旋转盘的外圆周上开设有条形槽，条形槽和第二筒体的侧壁之间形成第二试管容置槽，扩大了储存试管的数量。第二筒体的底面上设置有绕第二筒体轴线的螺旋槽，螺旋槽用于容置试管的尾部并配合条形槽使试管保持直立状态，保证了咽拭子样品的完整性。在第二筒体的侧壁上开设有一个第三缺口，第三缺口与夹持器相对应且作为试管存储器的试管进口，如图 3-16 所示。

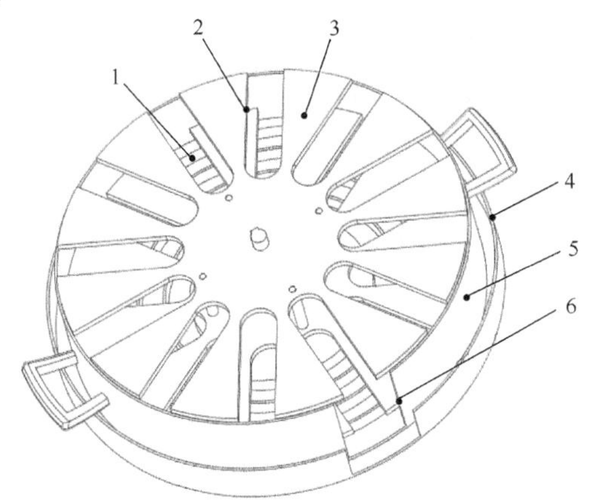

图 3-16　存储机构示意图

1-螺旋槽；2-条形槽；3-第二旋转盘；4-机架；5-第二筒体；6-第三缺口

2) 装料机构

横臂在转盘和试管存储器之间往返移动设置，在横臂上靠近转盘的一端端头安装有夹持器，并通过夹持器将转盘上的试管转移至试管存储器中。

转盘装置使用缺口式设计，通过横臂夹手的方式逐一传递放置，中间设有试管暂存器，极大地提高了运输试管的精准度。转盘的试管出口处设置弧形杆，旋转盘转动的情况下试管可被弧形杆拨到夹持器中，横臂通过平移即可使夹持器将试管转移至试管存储器中，从而实现转盘上试管的快速下料，如图 3-17 所示。

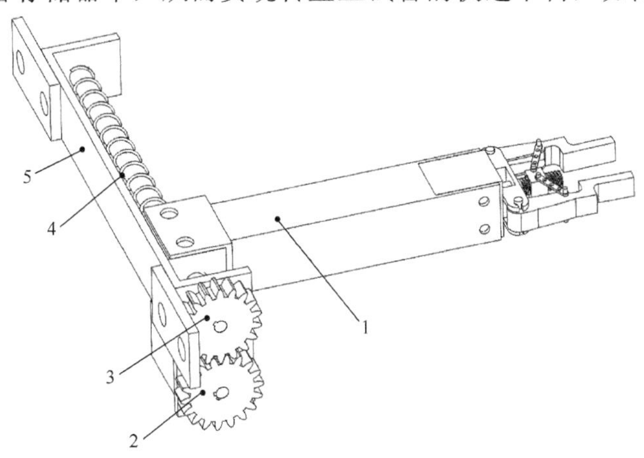

图 3-17　装料机构示意图

1-横臂；2-驱动轮；3-从动轮；4-螺杆；5-安装座

3.4.2 结构运行流程

旋转盘的外圆周上开设有第一缺口，第一缺口和筒体的侧壁之间形成试管容置槽。试管转移机构包括横臂，横臂在转盘和试管存储器之间往返移动设置，筒体的侧壁上开设有一个第二缺口，筒体的外壁上对应第二缺口的位置固设有试管缓存槽，试管缓存槽其朝向横臂移动方向的一侧侧壁设置有敞口，在试管缓存槽的侧壁上设置有弧形杆，弧形杆延伸至旋转盘的上方用于将试管容置槽内的试管引导入试管缓存槽内。第二筒体内转动安装有第二旋转盘，其中螺旋槽配合条形槽使试管保持直立状态。第二筒体放置在机架上，第二筒体的下方设置有驱动电机，驱动电机的驱动轴穿过第二筒体后插接在第二旋转盘的中心处，驱动电机的驱动轴和第二旋转盘通过花键配合。

横臂上远离夹持器的一端设置有螺杆，螺杆转动安装在安装座上，螺杆与横臂螺纹配合。螺杆的一端固套有从动轮，驱动轮和从动轮啮合。通过驱动轮和从动轮避免第二驱动电机和螺杆位于同一直线上，从而减小第二驱动电机和螺杆装配后的长度，节省空间。通过螺杆驱动横臂移动，使得横臂更稳定同时对横臂起到支撑作用，避免对横臂设置另外的支撑结构。

试管容置槽中放置呈竖向的试管，旋转盘带动试管在筒体内转动。三缺口朝向夹持器的移动方向，第三缺口与夹持器相对应且作为试管存储器的试管进口。需要排出试管时，试管被旋转盘带动到第二缺口处，并使试管被挡止在弧形杆的弧形端端部，在第一缺口的侧壁和弧形杆的夹持作用下，使试管向沿弧形杆的延伸端移动并移动至试管缓存槽内，夹持器张开两个夹爪，此时两个夹爪分别位于试管缓存槽的两侧。夹持器夹持住试管后，通过横臂将该试管移动至试管存储器的试管进口中，夹持器松开试管后，第二旋转盘转动，在条形槽、第二筒体和螺旋槽的共同作用下，试管在第二试管容置槽中向试管存储器的中部聚拢，从而完成对转盘上试管进行下料。横臂、试管缓存槽和弧形杆结构简单，便于加工且成本低，使试管的下料仅需要旋转盘提供作用力并不需要其他动力设备介入。

3.5 本章小结

本章介绍了咽拭子采样自助机器人的下料与收集系统，主要包括自助式采样装置、试管自动供应装置、试管拧盖装置、试管的下料结构，并详细分析了各装置的结构、运行参数及运行流程。解决了我国生产的自动供应装置结构简陋、下料效率始终不高的问题，使咽拭子采样自助机器人下料与收集系统真正做到智能化，极大缓解了以往人工下料、拧盖的情况，减轻了工作人员压力，提高了效率。

参 考 文 献

[1] 吴嘉煌, 谢洋, 曾祥泰. 咽拭子采集装置的研究进展. 江西医药, 2022, 57(7): 819-823.

[2] 张穗莲, 刁利霞, 吴宇平, 等. 便捷流动咽拭子采样车的临床应用研究. 临床医学, 2022, 42(6): 1-4.

[3] 周花仙, 瞿春华, 瞿海红, 等. 一种用于核酸检测采样的机器人. 中国: CN212287621U, 2021.

[4] 何伟强. 一种自助咽拭子取样设备. 中国: CN215129085U, 2021.

[5] 张一, 殷燕, 任文家. 咽拭子自助采样方法. 中国: CN112263283A, 2021.

[6] 蔡磊, 秦晓晨, 王效朋. 一种用于咽拭子采样的自助式采样装置及方法. 中国: CN114886477B, 2022.

[7] Xie Z, Chen B, Liu J, et al. A tapered soft robotic oropharyngeal swab for throat testing: a new way to collect sputa samples. IEEE Robotics and Automation Magazine, 2021, 28(1): 90-100.

[8] Chen Y L, Song F J, Gong Y J. Remote human-robot collaborative impedance control strategy of pharyngeal swab sampling robot//The 5th International Conference on Automation, Control and Robotics Engineering, Dalian, 2020.

[9] Maeng C Y, Yoon J, Kim D Y, et al. Development of an inherently safe nasopharyngeal swab sampling robot using a force restriction mechanism. IEEE Robotics and Automation Letters, 2022, 7(4): 11150-11157.

[10] Li C, Gu X, Xiao X, et al. A flexible transoral robot towards COVID-19 swab sampling. Frontiers in Robotics and AI, 2021, 8: 612-626.

[11] Li S Q, Guo W L, Liu H, et al. Clinical application of an intelligent oropharyngeal swab robot: implication for the COVID-19 pandemic. European Respiratory Journal, 2020, 56(2): 228-235.

[12] 侯宇杰. 主从式咽拭子采样机器人控制系统研究. 郑州: 河南工业大学, 2022.

[13] Hu Y, Li J, Chen Y, et al. Design and control of a highly redundant rigid-flexible coupling robot to assist the COVID-19 oropharyngeal-swab sampling. IEEE Robotics and Automation Letters, 2021, 7(2): 1856-1863.

[14] 陈英龙, 宋甫俊, 弓永军. 基于虚拟人机协作的咽拭子采样机器人远程控制策略. 重庆理工大学学报(自然科学版), 2021, 35(6): 272-279.

[15] 周宏. 新型智能化咽拭子采样机器人系统的设计. 集成电路应用, 2022, 39(7): 22-23.

[16] 郭馨蔚, 马楠, 刘伟锋, 等. 咽拭子采集机器人表情识别与交互. 计算机工程与应用,

2022, 58(8): 125-135.

[17] 高凌云. 机器人助力抗击疫情. 现代物理知识, 2020, 32(2): 72-74.

[18] Murphy R R, Gandudi V B M, Amin T, et al. An analysis of international use of robots for COVID-19. Robotics and Autonomous Systems, 2022, 148: 103-118.

[19] 蔡敏婕. 钟南山团队等研发咽拭子采样机器人取得进展. 科技传播, 2020, 12(6): 8-9.

[20] 杨海涛, 丰飞, 魏鹏, 等. 核酸检测的咽拭子采样机器人系统开发. 机械与电子, 2021, 39(8): 77-80.

[21] 宋甫俊. 咽拭子机器人建模与远程共享控制研究. 大连: 大连海事大学, 2022.

[22] 蔡磊, 牛涵闻, 张趁, 等. 一种试管自动供应装置. 中国: CN217341495U, 2022.

[23] 王恩东. 浅析机械设计过程中机械材料的选择和应用. 中国设备工程, 2021, (3): 123-125.

[24] Sun F, Ma J, Liu T, et al. Autonomous oropharyngeal-swab robot system for COVID-19 pandemic. IEEE Transactions on Automation Science and Engineering, 2022.

[25] 高文, 尹志宏, 牛宪伟, 等. 滚筒式茶叶杀青机机架的有限元分析. 农业装备与车辆工程, 2023, 5(9): 1-6.

[26] 王铭杰, 李大伟, 曲荣海, 等. 有限转角力矩电机及其研究发展综述. 电工技术学报, 2023, 38(6): 1486-1505.

[27] 陈薇薇, 郭默佳, 张洪岩. 混合式步进电机自定位转矩的二维有限元仿真设计研究. 微特电机, 2022, 50(8): 23-30.

[28] 郝新源. 两相混合式步进电机智能驱动器的研究与设计. 济南: 山东师范大学, 2022.

[29] 徐春慧. 真空采血管自动准备装置的研究进展. 南方农机, 2021, 52(6): 134-135.

[30] Chen Y, Wang Q, Chi C, et al. A collaborative robot for COVID-19 oropharyngeal swabbing. Robotics and Autonomous Systems, 2022, 148: 1-13.

[31] Chen W, Chen Z, Lu Y, et al. Easy-to-deploy combined nasal/throat swab robot with sampling dexterity and resistance to external interference. IEEE Robotics and Automation Letters, 2022, 7(4): 9699-9706.

[32] 陆金华, 杜鹃, 李俊. 一种能够对盛放咽拭子的试管进行自动开盖的开盖器. 中国: CN213761866U, 2021.

[33] 蔡磊, 李岳峻, 张趁, 等. 一种试管拧盖机构. 中国: CN217350693U, 2022.

[34] 张磊, 伍忠辉, 王杨帆, 等. 机械设计中的材料选择与应用. 集成电路应用, 2023, 40(2): 100-101.

[35] 梁强. 机械产品数字化设计及关键技术研究. 农机使用与维修, 2023, (4): 76-78.

[36] 程文领, 金咏梅, 陆伟华, 等. 防喷溅可视咽拭子采样器的设计与应用. 医疗卫生装备, 2021, 42(12): 104-105.

[37] Qin M, Wang S, Li N, et al. Design and implementation of a robot system for high efficiency automatic oropharyngeal swab sampling//The International Conference on Advanced Robotics and Mechatronics, Guilin, 2022.
[38] 吴睿渲. 载流摩擦条件对铜/碳配副自润滑导电特性的影响. 洛阳: 河南科技大学, 2022.
[39] 廖芳波, 刘小芳, 苏婷婷, 等. 一种剥标贴标机. 中国: CN215945145U, 2022.
[40] 蔡磊, 张炳远, 王林杰, 等. 一种试管的下料结构. 中国: CN217349723U, 2022.

第 4 章　复杂口腔环境下咽拭子采样有效性判定

4.1　复杂背景下识别与追踪理论基础

本节主要对咽拭子采样过程中所用到的方法及相关技术进行简要介绍，主要包括用于昏暗图像处理的基于 Retinex 的图像增强方法[1]；用于不规则口腔内腭垂及咽后壁特征提取的 ResNet 网络；用于咽拭子形态特征提取的高效的跟踪卷积运算符算法(Efficient Convolution Operators for Tracking，ECO)[2]和 SE-ResNet-50 网络[3]；用于咽拭子动态追踪与轨迹预测的长短期记忆网络(Long Short Term Memory，LSTM)[4]。

4.1.1　基于 Retinex 的图像增强方法

在 Retinex 理论中，物体的颜色是由物体对长波、中波和短波光线的反射能力决定的，而不是由反射光强度的绝对值决定的，并且物体的色彩不受光照非均性的影响，具有一致性[5]。Retinex 原理如图 4-1 所示。

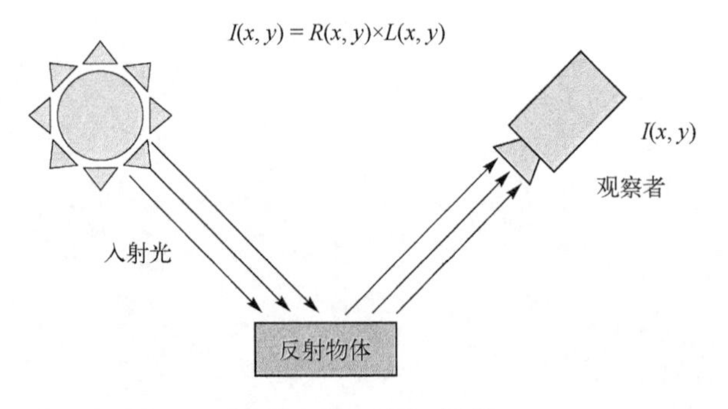

图 4-1　Retinex 原理

人眼得到的图像数据取决于入射光和物体表面对入射光的反射，如图 4-1 所示，$I(x,y)$ 是最终得到的图像数据，先是由入射光照射，然后经由物体反射进入成像系统，最终形成人们所看到的图像[6]。该过程可以表示为

$$I(x,y) = R(x,y) \times L(x,y) \tag{4-1}$$

式中，$I(x,y)$ 为被观察或照相机接收到的图像信号，$L(x,y)$ 为环境光的照射分量，

$R(x,y)$ 为携带图像细节信息的目标物体的反射分量。

将式 (4-1) 两边取对数，可以得到物体原本的信息为

$$\log[R(x,y)] = \log[I(x,y)] - \log[L(x,y)] \tag{4-2}$$

在图像处理领域，常将该理论用于图像增强。这时，$R(x,y)$ 表示增强后的图像，$I(x,y)$ 为原始的图像。在处理过程中，$L(x,y)$ 常为 $I(x,y)$ 高通滤波之后的结果，也可以用其他滤波的方法，如中值滤波、均值滤波等。

4.1.2　空间语义特征

深度学习网络具有识别悬雍垂目标显著特征的优势，但目前深度学习浅层网络框架缺少全局空间信息，降低了图像识别准确度，并且会影响小目标精细特征的检测。本节针对深度学习浅层网络框架缺少全局空间信息等问题，提出了搭建空间语义网络的方法[7]。

1) 构建图像数据集

对识别目标进行标签标注，作为有监督学习的数据集储备，先进行自监督模型训练，之后进行有监督学习对已训练的模型进行微调。

2) 构造目标的空间语义关系

首先，创建相关关系矩阵。空间语义关系式为 $G=\{V,E\}$，其中 V 为节点集，包括各个目标，E 是边集，节点表示目标的类别，边表示不同目标之间的空间语义关系。假设数据集包括 C 个目标类别。节点集 V 可以表示为 $\{v_0,v_1,\cdots,v_{C-1}\}$。元素 v_c 表示类别 c。接着边集 E 是一个相关矩阵，可以表示不同目标之间的相关关系，然而静态的相关矩阵主要解释了训练数据集中的标签共同出现。每个输入图像的相关矩阵是固定的，该矩阵不能明确地利用每个输入图像的内容，本节针对每个具体的输入图像构建局部相关矩阵 B。将全局相关矩阵和局部相关矩阵融合作为总体的相关矩阵，结果如下

$$A = \omega_E E + \omega_B B = \begin{Bmatrix} a_{00} & \cdots & a_{0(C-1)} \\ \vdots & & \vdots \\ a_{(C-1)0} & \cdots & a_{(C-1)(C-1)} \end{Bmatrix} \tag{4-3}$$

式中，ω_E 和 ω_B 表示权重。元素 $a_{cc'}$ 表示图像中同时存在目标 c' 和目标 c 的概率，即目标 c' 与目标 c 的相关性。本节使用训练集的标签计算输入图像中不同类别之间的相关性。

3) 获取创建空间语义关系信息

遍历和更新图中的节点提取节点之间的空间语义特征，通过空间语义关系图，学习目标的空间语义关系。每个节点 v_c 在时间步骤 t 处都有一个相关关系 h_c^t，该

参数表示节点与其他节点的相关程度。在本节中，每个节点对应于一个特定的目标类别，空间语义特征提取模型旨在学习目标之间的空间语义关系，本节在步长 $t=0$ 时，初始化空间语义关系与特征向量，表示为 $h_c^0 = f$ ，框架聚合来自相邻节点的信息。

$$a_c^t = \left[\sum_{c'} (a_{cc'}) h_c^{t-1}, \sum_{c'} (a_{c'c}) h_c^{t-1} \right] \tag{4-4}$$

4) 得到空间语义关系模型

模型鼓励信息在高相关性的节点之间传播[8]，本节通过图中的信息传递学习空间语义关系，提出的方法通过聚合特征向量 a_c^t 更新目标的空间语义关系。迭代过程如下

$$\begin{cases} z_c^t = \sigma(W^z a_c^t + U^z h_c^{t-1}) \\ r_c^t = \sigma(W^r a_c^t + U^r h_c^{t-1}) \\ \widetilde{h_c^t} = \tanh(W a_c^t + U(r_c^t \odot h_c^{t-1})) \\ h_c^t = (1 - z_c^t) \odot h_c^{t-1} + z_c^t \odot h_c^t \end{cases} \tag{4-5}$$

式中， $\sigma(\cdot)$ 是一个对数 Sigmoid 函数， $\tanh(\cdot)$ 是一个双曲正切函数， $\odot$ 表示元素之间的乘法运算符。目标节点聚合周围节点的信息，实现不同节点所对应的特征向量之间的交互，迭代过程持续 T 次，得到的空间语义关系模型为

$$H = \{h_0^T, h_1^T, \cdots, h_{C-1}^T\} \tag{4-6}$$

5) 构建空间语义特征提取网络

通过悬雍垂与其他目标空间语义关系，构建语义特征提取网络，进行目标之间属性匹配，增加深度学习网络目标检测准确度。

4.1.3 ResNet 残差网络

ResNet 是一种将深层次网络训练的冗余层无限接近于恒等映射，保证经过恒等层的输入和输出完全相同的残差网络。其主要结构为残差块部分，主要使用跳过一个或多个层之间连接的操作，简单地执行恒等映射，在不增加计算参数量及复杂度的情况下添加到叠加层的输出中[9]。如果多个非线性层可以逼近底层映射函数 $H(x)$ ，就一定能逼近残差函数 $F(x) = H(x) - x$ ，那么原始底层映射就被重新映射成 $H(x) = F(x) + x$ ，进行这种调整一方面有效解决了训练集准确率退化问题，另一方面也将原本的拟合恒等映射变成了拟合残差函数，使其更容易实现。残差块如图 4-2 所示。

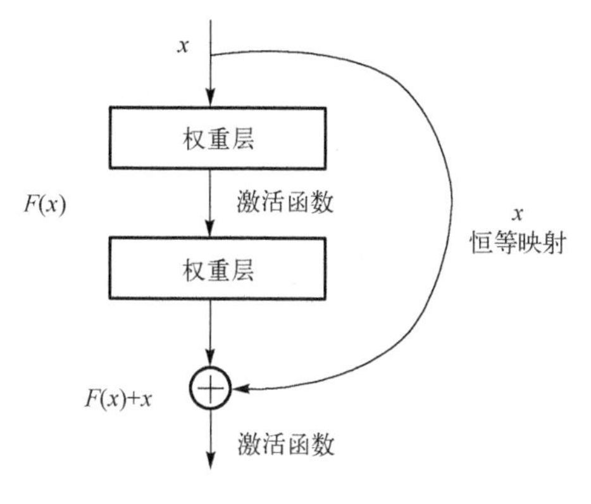

图 4-2　残差块结构

SE-ResNet-50 是在 ResNet50 基础上加入了 SE(Squeeze-and-Excitation) 模块的优化残差网络，主要有三个主要操作，分别为：压缩(Squeeze)操作、激励(Excitation)操作、重加权(Reweight)操作[10]。SE 模块结构如图 4-3 所示。

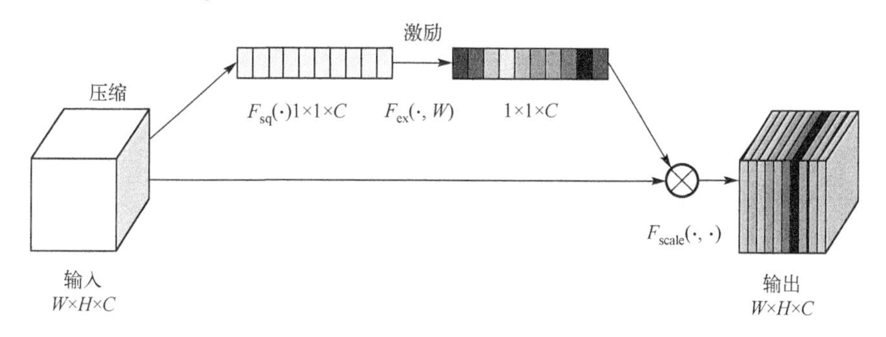

图 4-3　SE 模块结构

压缩操作用于特征压缩，将每个二维的特征通道变成一个具有某种程度上具有全局感受野的实数，并且输入的特征通道数与输出的维度相匹配。激励操作主要是通过参数 w 为每个特征通道生成权重，参数 w 还被用来学习显示地建模特征通道间的相关性。重加权操作主要根据激励操作生成的权重作为重要性表现，通过乘法逐通道加权到先前的特征上，完成在通道维度上的对原始特征的重标定。

4.1.4　ECO 目标跟踪方法

ECO 方法是在 C-COT(Continuous Convolution Operator Tracker)方法基础上改进的，主要改进了 C-COT 方法使用过程中出现的过拟合和速度慢的问题。C-COT 方法相比于 KCF(Kernel Correlation Filter)[11]等其他方法，使用了深度神经网络 VGG-Net 提取特征，为了解决不同分辨率的特征图无法扩展到同一周期的连续空间域的问题，通过三次样条函数插值处理的方法成功扩展到了同一周期的连续空间域，再应用 Hessian 矩阵可以求得亚像素精度的目标位置[12]。相比于 ECO 方法来说，C-COT 方法还是存在着过拟合和速度慢的问题，影响速度的原因主要有以下三点：

1）特征的复杂度

由于特征提取较为复杂，所以每次更新模型所需更新的参数量就更巨大，相应的速度就会降低，此外还会因高维度而引起过拟合。

2）训练集大小

训练集是由每一帧的跟踪结果组成的，所以每进行一次模型更新就会用到这一帧之前的所有跟踪到的样本，训练集只会越来越大，同时当目标被遮挡或丢失的时候，很容易造成模型正确率降低，导致跟踪结果出错，增加计算量。

3）模型更新

针对模型大小问题，ECO 在特征提取方面做了一定的精简，对原本存在的每一维特征所对应的特定的滤波器进行调整，只保留对跟踪和定位有重要贡献的滤波器。针对训练集大小问题，采用了高斯混合模型（Gaussian Mixture Model，GMM）来生成不同的分量，每一个分量对应一组特征比较相似的样本，不同的分量之间就会有较大的差异性，采用这种训练集生成方式相比于传统的训练集就具有了多样性。针对模型更新问题，在样本每帧更新的前提下控制模型六帧更新一次，这样既避免了模型的漂移，也在一定程度上改进了模型的效果。

4.1.5　LSTM 长短期记忆网络

LSTM 网络的出现是为了解决循环神经网络（Recurrent Neural Network，RNN）不能够记忆时间线较长的信息而造成的梯度消失的问题，LSTM 网络的出现依靠其特殊的网络结构能够缓解梯度消失问题，从而能够具有长期依赖性。LSTM 网络的网络结构不同之处在于 RNN 只包含单个 tanh 层的重复模块，如图 4-4 所示。

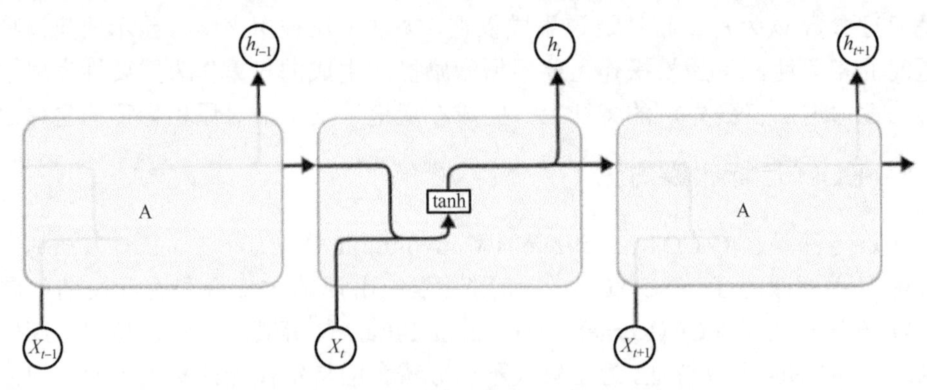

图 4-4　RNN 网络中单一 tanh 层

而 RNN 网络的重复模块结构是以 4 个以特殊方式进行交互的神经网络，如图 4-5 所示。而且还得益于引入的门机制，即遗忘门、输入门、输出门，以便控制全局记忆，达到信息过滤的目的。

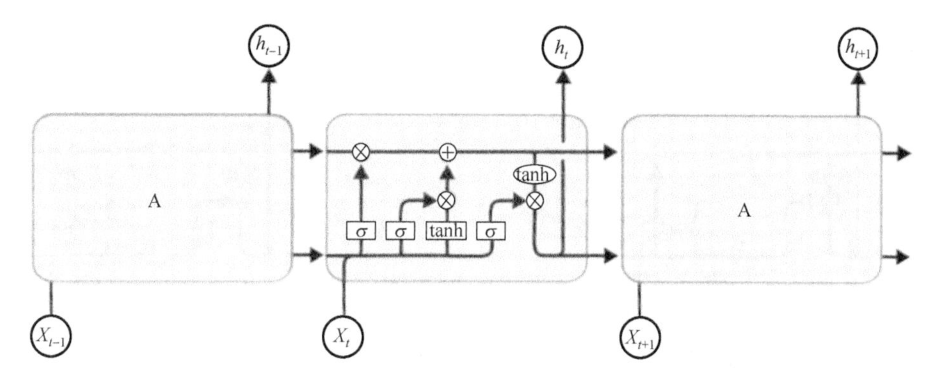

图 4-5　LSTM 网络中 4 个相互作用的层

遗忘门工作原理和逻辑电路中的与门相似，其输出结果为(0，1)，也遵循着“同一为一”的原则，通过乘法运算也能达到信息过滤的效果。输入门主要控制对信息的过滤，即在输入时选择性地保留某些信息，而被抛弃部分则是输出为 0 的特征维度，并且使用的是 tanh 激活函数。输出门主要对要输出给下一个时间步的信息进行过滤，根据重要性程度有选择地去除之前时间步的信息数据。

4.2　口腔昏暗环境下悬雍垂自动捕捉

咽拭子采样自助设备在捕捉口腔内部图像时，存在口腔内部独特的构造和外部强光刺激，导致内部光源不足、图像细节丢失、纹理轮廓性差、噪声大等问题，很难达到设备所需要的采集效果或者设备识别系统所需要的语义信息。因此对于昏暗环境下获取的图像要进行图像增强处理，以达到更加精准的识别效果。

4.2.1　基于改进 Retinex 的图像增强方法

低光照下图像对比度较低且含有噪声、色彩不饱和、细节模糊等，会导致方法识别精度降低、识别效果变差等。因此低照度下的图像处理显得尤为重要，下面是针对低照度下的改进 Retinex 的图像增强方法进行图像处理。低照度下的图像处理主要有三方面的内容：灰度变换、线性滤波和暗光增强。

1) 灰度变换

灰度变换是图像增强的一种重要手段，常用于改善图像显示效果，它可以使图像动态范围加大，对比度扩展，图像更加清晰，特征更加明显[13]。常用的灰度变换主要有两种，一种是线性灰度变换，另一种是非线性灰度变换。线性灰度变换又称为图像反转，灰度图像在灰度级范围$[0,L-1]$中，其反转的结果如下

$$s=L-1-r \tag{4-7}$$

式中，r为原始图像的灰度级，s为变换后的灰度级。

但是变换过程中发现，运用线性灰度变换会导致口腔内部细节缺失，如图 4-6 所示。

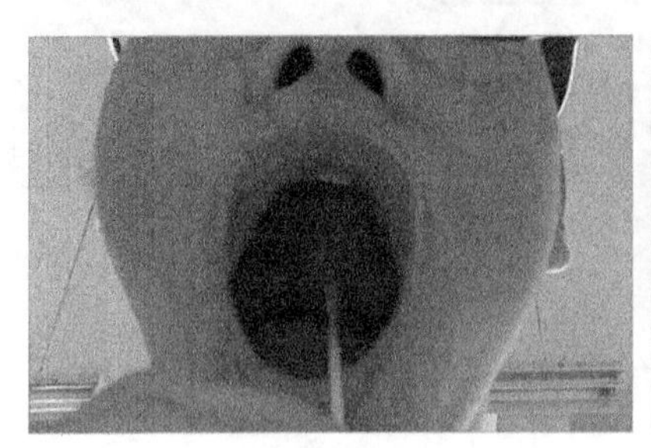
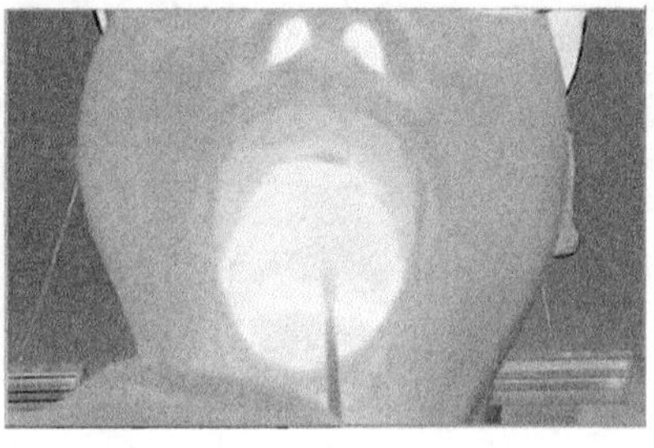

图 4-6　线性灰度变换前后图片对比

经实验发现，线性灰度变换是通过灰度映射来调整原始图像的灰度，调整过程中可变参数较多，参数的设置较难把握，导致口腔内部细节丢失。

为解决线性灰度变换带来的口腔内部细节丢失问题，本节采用非线性灰度变换中的对数变换，计算过程如下

$$D_B=c\times\log 1+D_A \tag{4-8}$$

式中，c为尺度比较常数，D_A为原始图像灰度值，D_B为变换后的目标灰度值。对数变换对于整体对比度偏低并且灰度值偏低的图像增强效果较好。这种变换可用于增强图像的暗部细节，从而用来扩展被压缩的高值图像中的较暗像素。变换后的图像如图 4-7 所示。

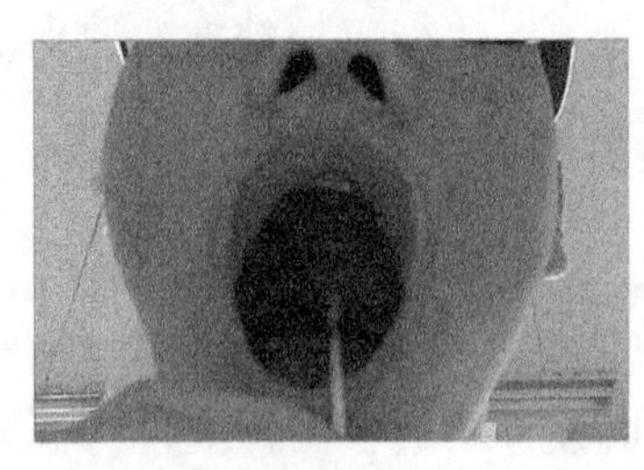
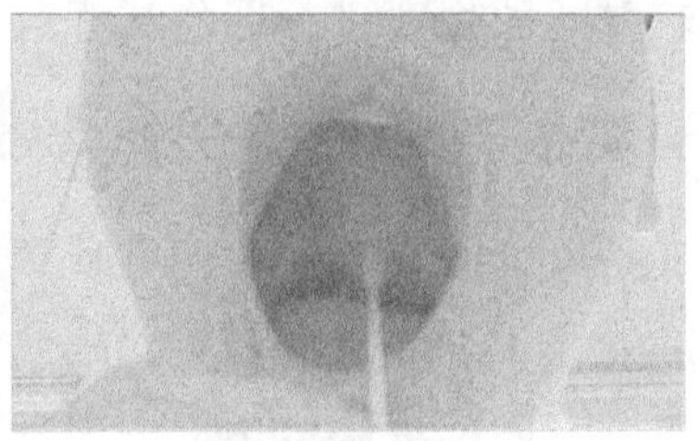

图 4-7　非线性灰度变换前后图片对比

可以看出，原始图像暗部的细节被增强，且减少了其他非必要信息。与线性灰度变换相比，非线性灰度变换的优势是操作简单，暗部细节得到较好的增强，

图像对比度更高。

2) 改进的低照度自适应校正方法

对图像进行灰度变化和滤波处理，增强了图像质量和清晰度，但是图像还存在对比度低、整体照度低的问题。为解决这类问题，本节提出了一种改进的光照自适应校正方法。

在计算机图像处理领域，模仿人眼观看世界的思想是计算机处理图像技术发展的动力源泉。人眼中所获取到的所有颜色信息其实是由三种特定频率的波长决定的，色彩分别表现为红色、绿色和蓝色(即三原色)，这三种颜色可以构成能观察到的所有其他颜色。Retinex 在 20 世纪 90 年代率先由 Land 提出，由视网膜(Retina)一词前半部分和大脑皮层(Cortex)一词后半部分组合而成。Retinex 方法的主要理论基础是光学三原色理论和颜色恒常性理论[14]。Retinex 理论认为图像 $I(x,y)$ 是由照度图像与反射图像组成，分别表示物体的本质特征的信息和入射光照的亮度图像，图像中的光照分量决定了一幅图像光信号最大值和最小值的区间大小。Retinex 方法原理模型如图 4-8 所示。

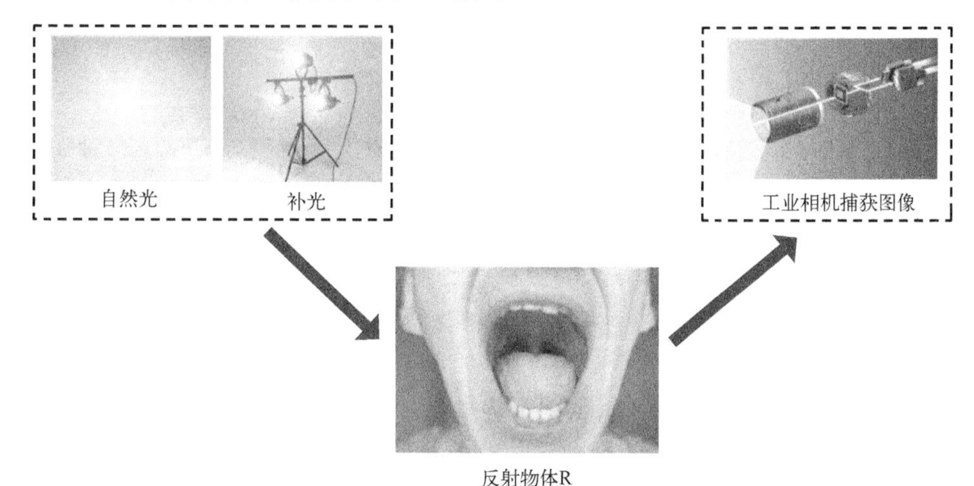

图 4-8　Retinex 方法原理模型

自然光光照分量与咽拭子采样自助设备补光光源分量的信息，用 $L(x,y)$ 表示；口腔内部的反射部分，用 $R(x,y)$ 表示，即可以将这种图像形成的过程看成是光照分量与物体反射分量相乘，计算过程为

$$I(x,y)=R(x,y)\times L(x,y) \tag{4-9}$$

通常将式(4-9)取对数，就可以得到图像的各分量之间的关系

$$\log(I(x,y))=\log(R(x,y)\times L(x,y))=\log(R(x,y))+\log(L(x,y)) \tag{4-10}$$

若

$$i(x,y)=\log(I(x,y)),r(x,y)=\log(R(x,y)),l(x,y)=\log(L(x,y)) \tag{4-11}$$

那么

$$i(x,y)=r(x,y)+l(x,y) \tag{4-12}$$

口腔图像内部昏暗，属于低照度图像，针对特殊的口腔环境特点，提出了一种口腔暗光图像的光照自适应校正方法，进行优化处理，将其分解为三个通道，得到口腔内部环境的光照分量，以及表示物体实际反射性质的分量，最后将三通道数据进行合并就得到了单尺度 Retinex 增强图像。

$$r_i(x,y)=\log(R_i(x,y))=\log\left(\frac{I_i(x,y)}{L_i(x,y)}\right)=\log(I_i(x,y))-\log(I_i(x,y)*G(x,y) \tag{4-13}$$

式中，*表示卷积运算，i 为第 i 个颜色通道，$I(x,y)$ 为原始图像，$r(x,y)$、$R(x,y)$ 为反射分量，$G(x,y)$ 为高斯环绕函数，具体表达式为

$$G(x,y)=\frac{1}{2\pi\sigma^2}\mathrm{e}^{-\frac{x^2+y^2}{2\sigma^2}} \tag{4-14}$$

4.2.2 口腔昏暗环境下悬雍垂自动捕捉

口腔内部环境昏暗，噪声大，环境复杂。针对上述问题，提出了一种口腔昏暗环境下悬雍垂自动捕捉方法，首先，基于改进的 Retinex 的图像增强方法对图像进行去噪、增强，将低照度图像生成为高照度图像[15]。其次，构建一个动态相关矩阵捕获目标的空间语义关系，并利用该矩阵提取空间语义特征。最后，融合口腔特殊环境的图像增强方法与目标的空间语义特征，通过交叉熵损失训练目标识别模型[16]。

首先，在图像的视觉显著特征图上提取目标特征详细信息，对相机获取的实时图像信息进行灰度变换，基于改进的 Retinex 的图像增强方法对图像进行去噪、增强，将低照度图像生成为高照度图像，作为深度学习网络的输入端。

其次，基于嘴部目标、悬雍垂目标、咽后壁目标、扁桃体目标之间的相关联性，包括悬雍垂特征与嘴部区域空间位置语义关系、悬雍垂与咽后壁扁桃体空间对称语义关系、悬雍垂深度与嘴部面部区域空间深度语义等关系，建立空间语义特征网络框架。基于图像增强之后的口腔图像信息，其空间语义特征更加明显，便于构建空间语义关系。

训练模型的交叉熵损失函数由分类损失和回归损失两部分组成，计算过程为

$$L=\frac{1}{N_{\mathrm{cls}}}\sum_i\sum_{c=1}^{C}s_i^*\log(\sigma(s_i^c))+(1-s_i^*)\log(1-\sigma(s_i^c))+\lambda\frac{1}{N_{\mathrm{reg}}}\sum_i P_i^* R(T_i-T_i^*) \tag{4-15}$$

式中，i为候选框编号，c为目标类别，s_i^c为候选框i中目标类型的预测概率，s_i^*为候选框i的真实标签，T_i为目标候选框的四个顶点坐标，T_i^*为目标真实区域的顶点坐标，R为 smooth L1 函数，s_i^c和T_i分别由分类层和回归层给出，N_{cls}和N_{reg}为损失函数的归一化，N_{cls}在数值上等于训练的最小批量，N_{reg}在数值上等于目标候选框的数量，λ为平衡权重，$\sigma(\cdot)$为 Sigmoid 函数。

最后，将经过 Retinex 图像增强和提取的空间语义特征融合的信息作为输入训练的目标识别模型，对输入进行识别并判断，实现口腔昏暗环境下悬雍垂的自动捕捉技术。

4.3 不规则口腔内腭垂及咽后壁动态精准识别

人的口腔内部构造独特，口腔内腭垂及咽后壁在形态、位置上大体相同，但是在大小、颜色上有着细微的差异。在采样摄像头捕捉的画面中，大部分被检测人员在张开嘴巴后并不能够同时完全露出腭垂与咽后壁，导致采集的数据样本分布不均衡、腭垂与咽后壁的形态不完整、在整个图像画面中所占的像素较少，难以实现腭垂及咽后壁的动态精准识别。

针对上述问题，本节提出了一种动态多尺度特征融合的小目标识别方法[17]。该方法忽略了不规则口腔内腭垂与咽后壁之间的大小、颜色的细微差异，关注腭垂与咽后壁在形态、位置上的相同点以及在图像画面中画面较小等问题，具体方法如下：

首先，通过动态条件概率矩阵学习目标的空间语义特征，弥补腭垂与咽后壁特征的缺失；其次，通过多尺度 InfoNCE 损失提取 4 个尺度的显著特征[18]，防止特征的消失；最后，针对不同尺度的目标设计动态多尺度特征融合机制。通过多尺度的特征快速识别大尺度目标，并融合多尺度显著特征识别小目标。该方法有效提高了不规则口腔内腭垂和咽后壁识别的准确性。

4.3.1 构建动态空间语义特征提取模型

根据口腔内部结构的空间语义关系，本节通过设计一个动态条件概率相关矩阵，建立了一个动态空间语义特征提取模型，有效提取腭垂与咽后壁的特征。神经网络可以根据相关矩阵学习目标的空间语义特征，弥补目标的特征缺失，传统的相关矩阵通常由训练集的标签共现关系获得。然而，口腔环境中不同类型目标的采集难度不同，使得训练集中标签数量分布不均，并且部分罕见的不共现关系可能是噪声，例如，腭垂或者咽后壁与嘴巴不共现。在这种情况下，基于标签共现关系构造的相关矩阵具有一定的局限性。因此，本节通过设计一种动态条件概率相关矩阵来表示目标之间的语义相关性。

本节设计的动态条件概率矩阵为 $P(L_j|L_i)$，表示标签 L_i 出现时标签 L_j 出现的条件概率，与传统相关矩阵相比，动态条件概率矩阵是不对称的，即 $P(L_j|L_i) \neq P(L_i|L_j)$。

为增加语义关系模型的鲁棒性，本节计算了当前批次训练数据的局部条件概率，统计了训练集和当前批次中的目标共现情况，得到静态的共现相关矩阵 M 和局部相关矩阵 B，通过 M 与 B 计算出目标之间的条件概率矩阵，计算过程如下

$$P_{i,j} = \frac{\omega_A M_{i,j}}{N_i} + \frac{\omega_B B_{i,j}}{S_i} \tag{4-16}$$

式中，ω_A 和 ω_B 为权重，$M_{i,j}$ 为目标 L_i 和 L_j 在训练集中同时出现的次数，N_i 为目标 L_i 在训练集中出现的次数，$B_{i,j}$ 为当前批次中 L_i 和 L_j 同时出现的次数，S_i 为当前批次中 L_i 出现的次数，$P_{i,j} = P(L_j|L_i)$ 为标签 L_i 和 L_j 同时出现的概率。由于部分罕见的不共现关系可能为噪声，本节设置了一个概率阈值 τ 过滤噪声，过滤之后的矩阵为

$$A_{i,j} = \begin{cases} 0, & P_{i,j} < \tau \\ P_{i,j}, & P_{i,j} > \tau \end{cases} \tag{4-17}$$

基于动态条件概率矩阵，本节构建了一个空间语义特征提取网络，该网络利用动态条件概率矩阵表示目标之间的语义相关性，并通过节点间的信息传递更新特征表示，空间语义特征提取网络可以表示为

$$f^{l+1} = L(A \cdot f^l \cdot W^l) \tag{4-18}$$

式中，f^l 为初始的空间语义特征，f^{l+1} 为更新后的空间语义特征，A 为经过归一化的动态条件概率相关矩阵，W^l 为需要学习的变换矩阵，$L(\cdot)$ 为一个非线性的 LeakyReLU 激活函数。

4.3.2 构建多尺度显著特征提取模型

咽拭子采样自助设备捕捉图像易受外部光照环境影响，当外部光照强度过高时，捕捉到口腔内部图像整体昏暗不清，目标强度极弱。当外部光照强度合适或者较低时，可借助采样摄像头的补光灯进行补光操作，加强目标光照强度，但由于口腔内亮度不够均匀加之采样摄像头的热稳定性影响，捕捉到的部分图像会出现噪声。这些均极易导致目标的消失，增加识别难度。

为解决上述问题，本节通过色彩变换、随机裁剪和高斯模糊增强原始样本，规定来自相同图像的不同增强视图为正样本，来自不同图像的为负样本，并且构建了一个特征库存储训练过程中的所有增强样本。针对特征提取网络输入的

图像，在特征库中存在与输入样本来自相同图像的正样本 k^+ 以及不同图像的负样本 k^-。

本节中采用 ResNet 网络作为多尺度显著特征提取模型 $f(\cdot)$ 的基础网络，该网络总体可以划分为 5 层，每层网络提取的特征可以表示为 $h_x = f_x(I)$，本节提取网络 2～5 层的显著特征，表示为 $h=\{h_2,h_3,h_4,h_5\}$，将特征向量 h 通过一个全连接层 $g(\cdot)$ 非线性投影为向量 $z=\{z_2,z_3,z_4,z_5\}$。本节通过多尺度 InfoNCE 损失函数训练模型 $f(\cdot)$，样本的余弦相似性如下

$$\mathrm{sim}(z_q^i, z_k^i) = \frac{z_q^i \cdot z_k^i}{\| z_q^i \| \| z_k^i \|} \tag{4-19}$$

式中，z_q 为输入图像不同尺度表征向量的非线性投影，z_k 为特征库中正样本或者负样本表征的非线性投影。模型的多尺度 InfoNCE 损失函数如下

$$L_q = \sum_{i=2}^{5} w_i \times \left[-\log \frac{\exp\left(\dfrac{\mathrm{sim}(z_q^i, z_{k^+}^i)}{\tau}\right)}{\exp\left(\dfrac{\mathrm{sim}(z_q^i, z_{k^+}^i)}{\tau}\right) + \sum_{k^-} \exp\left(\dfrac{\mathrm{sim}(z_q^i, z_{k^-}^i)}{\tau}\right)} \right] \tag{4-20}$$

式中，w_i 为不同尺度特征的权重，z_q^i 为输入图像不同尺度的特征表示，k^+ 为正样本，k^- 为负样本，τ 用于放大图像表示的相似性度量。

特征库可以使负样本数量变大，提高训练效果，但也增加了特征库编码器 f_k 的更新难度。本节通过编码器 f_q 动态更新特征库编码器 f_k，编码器 f_q 和 f_k 的参数分别表示为 θ_q 和 θ_k，θ_k 的更新方式为

$$m\theta_k + (1-\theta_q) \to \theta_k \tag{4-21}$$

式中，动量系数 $m \in [0,1)$。在训练过程中，θ_q 通过随机梯度下降的方式更新参数。当 θ_q 更新后，θ_k 根据上述方式更新参数。完成训练后，编码器 f_q 可以提取图像的多尺度显著特征。图像的多尺度显著特征可以表示为

$$f = \{f_{q_2}(x), f_{q_3}(x), f_{q_4}(x), f_{q_5}(x)\} \tag{4-22}$$

式中，x 为输入的测试图像，f_q 为训练完成的编码器。

4.3.3　动态多尺度特征融合

咽拭子采样自助设备捕捉的图像可能同时存在多个目标，如嘴巴、腭垂与咽后壁在同一图像上，但各个目标出现的难易程度有所不同，根据目标威胁程度可划分不同的识别优先级，利用单尺度的显著特征可以快速识别高优先级目标，如

容易识别的嘴巴。然而，对于其他的口腔内的弱目标，如腭垂与咽后壁，单一尺度的显著特征可区分性较差。本节提出一种动态的多尺度显著特征融合机制，对于不同优先级的目标，融合不同尺度的显著特征。

高优先级目标威胁性较高，方法需要快速给出识别结果，因此需要尽可能地降低识别网络的计算量。深层网络输出的显著特征语义区分性较高且计算量较小，因此识别高优先级目标时方法仅融合 Conv5 层网络输出的显著特征和空间语义特征。高优先级目标的显著特征可以表示为

$$H^h = F_p(f_{q_5}(x), f^{\mathrm{T}}) \tag{4-23}$$

式中，F_p 为特征融合函数，$f_{q_5}(x)$ 为 Conv5 层网络输出的显著特征，f^{T} 为目标的空间语义特征。

低优先级目标距离较远，经过多层卷积后容易消失在特征图中，浅层网络输出的显著特征包括更多的细节信息，识别低优先级目标时，方法融合多尺度显著特征和空间语义特征，融合后的特征既包括深层的语义信息，又包括浅层的细节信息。使用该特征可以提高方法的识别精度，然而，该特征的计算量较大，会降低目标识别速度。低优先级目标的特征可以表示为

$$H^l = F_p\left(\sum_{i=2}^{5} w_i \cdot a^{i-2} \cdot f_{q_i}(x), f^{\mathrm{T}}\right) \tag{4-24}$$

式中，x 为输入的测试图像，f_q 为训练完成的编码器，i 为网络层数，w_i 为不同尺度特征的权重，a 为上采样倍数。

将上述特征输入到分类层(cls)和回归层(reg)。reg 层输出 k 组锚框的顶点坐标。cls 层输出锚框的标签和置信度。对于 $W \times H$ 的特征映射，提出的方法生成 $k \times W \times H$ 个目标锚框。本节通过最小化损失函数训练模型。损失函数由分类损失和回归损失两部分组成。

咽拭子采样自助设备捕捉的口腔内部图像易受环境影响，当前方法难以识别小尺度且缺失的目标。针对上述问题，本节提出了一种动态多尺度特征融合的小尺度且缺失目标识别方法。首先，该方法改进了现有相关矩阵构建方法，通过一个新型的动态条件概率矩阵学习目标的空间语义关系，可以忽略数据集中不同类别样本数量不平衡造成的影响；其次，本节建立一个显著特征金字塔网络，通过多尺度 InfoNCE 损失提取目标 4 个尺度的显著特征，解决了小尺度特征消失的问题；最后，本节针对不同尺度的目标设计不同的特征融合机制，动态地融合多尺度显著特征和空间语义特征识别腭垂与咽后壁。

4.4 基于采样咽拭子形态的口腔深度预测

被采样人员在利用咽拭子采样自助设备采样过程中张嘴幅度、嘴型等皆不同，所以，经过实验验证以及理论分析，针对该问题总结整理出两种基于采样咽拭子形态的口腔深度预测的解决方案。

4.4.1 基于双摄像头的协作采样预测方法

通过靶点识别方法识别靶点，咽拭子识别方法识别咽拭子头。核酸采样有效性检测方法以视觉识别为基础，通过主摄像头采集的数据进行悬雍垂与咽后壁目标识别和咽拭子目标跟踪，当检测到咽拭子锚点进入悬雍垂和两侧扁桃体共三个识别锚框内，满足以上条件，则判定采样有效[19]。在此过程中，咽拭子识别与跟踪部分是重中之重，其直接关乎核酸采样的效率与有效性。

1) 目标位置预测

本节的跟踪方法的整体结构图如图 4-9 所示，该方法由相关滤波响应图的计算和显著性图的计算两部分组成。相关滤波响应图的计算是在 ECO 跟踪框架的基础上，采用 SE-ResNet-50 来提取多分辨率特征[20]，得到相关滤波的响应图 R_c，而对于显著性图的计算，则是采用背景对象模型来获取目标的显著性图 R_s 表示。最后，将相关滤波的响应图与显著性图相乘，即可得出最终的响应图 R_{final}，即

$$R_{\text{final}} = R_c \odot R_s \tag{4-25}$$

当 R_{final} 取最大值时，把响应值最大的位置映射到原图中就可以预测出目标在后续帧中的位置。

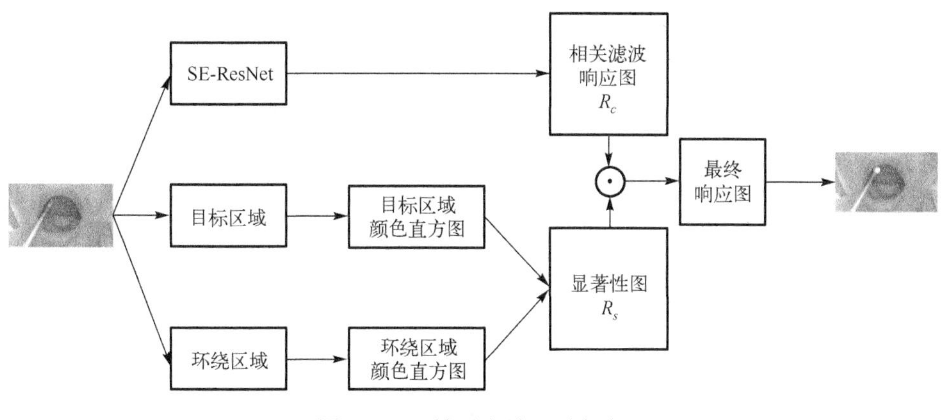

图 4-9 咽拭子方法跟踪框架

2) 图像特征提取

卷积神经网络特征在图像分类和目标检测方面取得了显著效果，因此本节采用卷积神经网络代替手工设计的方法来进行特征提取，在卷积神经网络中，低层部分学习的是一些颜色、纹理等简单信息，而高层部分学习的是综合的语义信息。因此，在计算相关滤波的响应时，本节采用 ECO 的跟踪框架。

本节方法选择 Conv1x、Res3d 和 Res4f 层的输出作为多分辨率特征图[21]，在提取多分辨率特征后，相关滤波的响应图的计算过程如下：

(1) 对不同分辨率的特征图进行双三次插值操作，将不同分辨率的特征图转换到连续空间域。

(2) 通过最小化损失函数，求出相关滤波器。

(3) 进行因式分解的卷积操作，求出相关滤波器的响应图 R_c。

3) 定位精度优化

由于在目标跟踪中采用视觉显著性可以帮助快速定位目标、提高定位精度，所以本节采用背景对象模型获取目标的显著性特征图。假设输入对象为 I，为了从背景中分离出目标像素 $x \in \theta$，本节采用基于颜色直方图的贝叶斯分类。目标区域和环绕区域如图 4-10 所示。

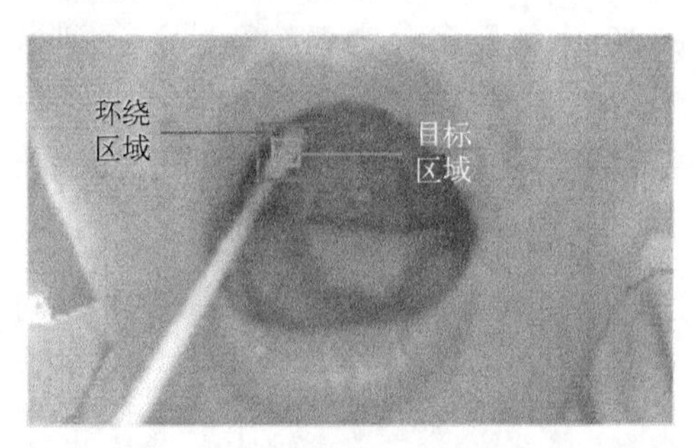

图 4-10　目标区域和环绕区域

给出一个目标的矩形框区域 O 和它的环绕区域 S，在 x 处的像素属于目标像素的概率为

$$P(x \in \theta | O, S, b_x) \approx \frac{P(b_x | x \in O) P(x \in O)}{\sum P(b_x | x \in \Omega) P(x \in O)}, \quad \Omega \in \{O, S\} \tag{4-26}$$

式中，b_x 为分配给输入图像 $I(x)$ 的颜色分量，由于是从颜色直方图中直接估算，所以颜色分量属于目标区域和环绕区域的概率可以分别表示为

$$P(b_x | x \in O) \approx \frac{H_O^I(b_x)}{|O|} \tag{4-27}$$

$$P(b_x|x \in S) \approx \frac{H_S^I(b_x)}{|S|} \tag{4-28}$$

$H_\Omega^I(b)$ 表示在区域 $\Omega \in I$ 上计算的非标准化直方图 H 的第 b 个计算区间，先验概率可以近似为

$$P(x \in O) \approx \frac{|O|}{(|O| + |S|)} \tag{4-29}$$

根据式(4-28)、式(4-25)可以被简化为

$$P(x \in \theta|b_x) = P(x \in \theta|O,S,b_x) \approx \begin{cases} \dfrac{H_O^I(b_x)}{H_O^I(b_x) + H_S^I(b_x)}, & I(x) \in I(O \cup S) \\ 0.5, & \text{其他} \end{cases} \tag{4-30}$$

分配给背景像素值的最大熵为 0.5，采用背景对象模型可以从背景像素中区分出目标像素。搜索前一帧目标位置的一个矩形区域 O_{t-1}，则当前帧的显著性图 R_s 的计算过程如下

$$R_s = s_v(O_{t,i})s_d(O_{t,i}) \tag{4-31}$$

式中，$s_v(O_{t,i})$ 为基于对象模型的概率分数，$s_d(O_{t,i})$ 为目标到前一帧的目标中心 c_{t-1} 的欧氏距离的距离分数，计算过程如下

$$s_v(O_{t,i}) = \sum_{x \in O_{t,i}} P_{1:t-1}(x \in \theta|b_x) \tag{4-32}$$

$$s_d(O_{t,i}) = \sum_{x \in O_{t,i}} \exp\left(-\frac{x - c_{t-1}{}^2}{2\sigma^2}\right) \tag{4-33}$$

在跟踪阶段，由于目标的外观是不断变化的，需要不断地更新目标外观模型，采用线性插值的方式来更新目标外观模型，过程如下

$$P_{1:t}(x \in \theta|b_x) = \delta P(x \in \theta|b_x) + (1-\delta)P_{1:t}(x \in \theta|b_x) \tag{4-34}$$

式中，δ 为学习率。

4）咽拭子棉签深度判定

为了确保核酸检测人员采样动作的准确性，避免核酸检测人员未将咽拭子放入口腔内部采样而造成的错误判别，核酸采样有效性检测方法利用安装在侧方固定角度的辅助摄像头，通过核酸检测目标识别方法实时检测识别咽拭子，当核酸检测人员将棉签头放入口腔内部一定深度时，辅助摄像头无法识别到棉签头。此时，可判定棉签头进入口腔内部。

通过 OpenCV 方法库的部分功能实时提取视频中棉签头至手部位置的图像，

计算提取棉签棒的图像帧中棉签棒的长度 l_t。已知棉签棒到摄像头的固定距离为 d，摄像头的焦距为 f，图像中棉签像素的长度 p，根据 $l_t=(d\times p)/f$，可计算得到棉签的实时长度 l_t。核酸检测人员将咽拭子头逐渐放入口腔内部的过程中，咽拭子棒逐渐缩短，计算咽拭子棒的实时长度 l_t 与实际长度 l_m 的比值 k，当 k 的值小于设定阈值 q 时，则可判定咽拭子头部到达口腔内采样深度。同时满足辅助摄像头无法识别到咽拭子，棉签棒的实时长度 l_t 与实际长度 l_m 的比值 $k<q$，且主摄像头检测到咽拭子锚点位置依次进入悬雍垂和两侧扁桃体共三个识别锚框内，满足以上条件，系统才能判定采样有效。

4.4.2 基于单目视觉的深度匹配采样方法

当咽拭子进入图像区域后，根据识别的咽拭子头，对其深度信息进行提取。首先对图像进行阈值处理，根据设定的阈值，将彩色图像处理为仅有{0,1}两个值的二值图像，处理后的二值图像更加便于提取咽拭子的轮廓信息，从而更利于实现深度匹配采样。原图像如图 4-11 所示，二值图像如图 4-12 所示。

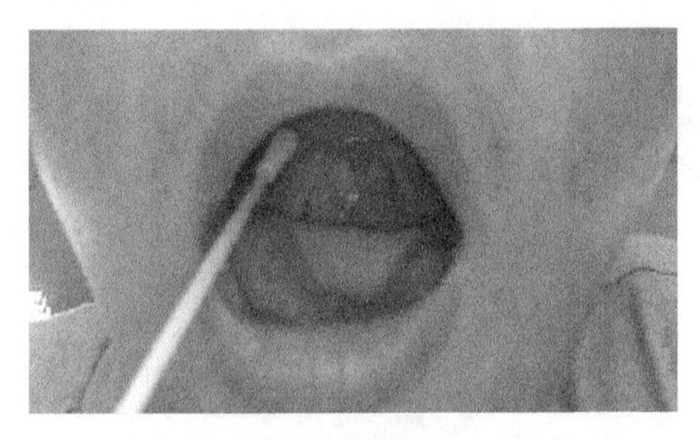

图 4-11 原图像

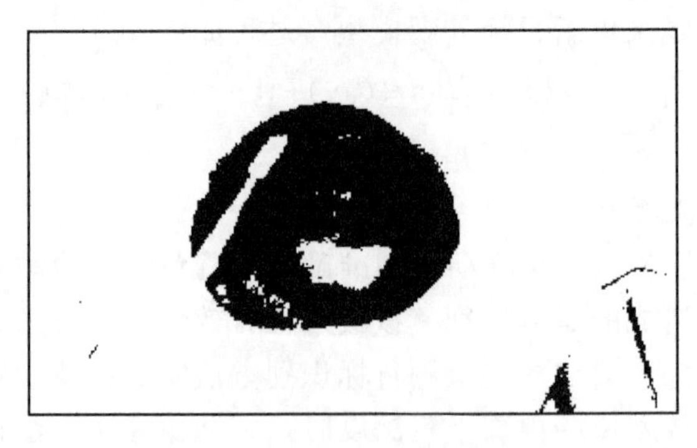

图 4-12 二值图像

(1) 对处理后的二值图像进行轮廓检测，轮廓检测主要是检测数字图像中明暗变化剧烈(即梯度变化比较大)的像素点，轮廓检测范围为识别框内的图像信息，提取出咽拭子的轮廓。灰度图如图 4-13 所示，图 4-14 为灰度直方图，图 4-15 为咽拭子轮廓图。

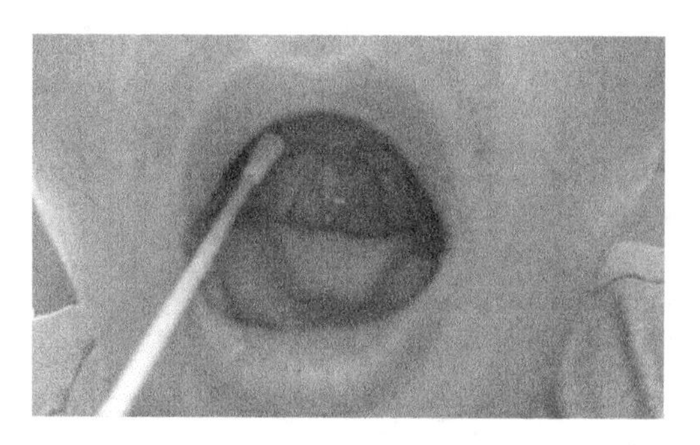

图 4-13　灰度图

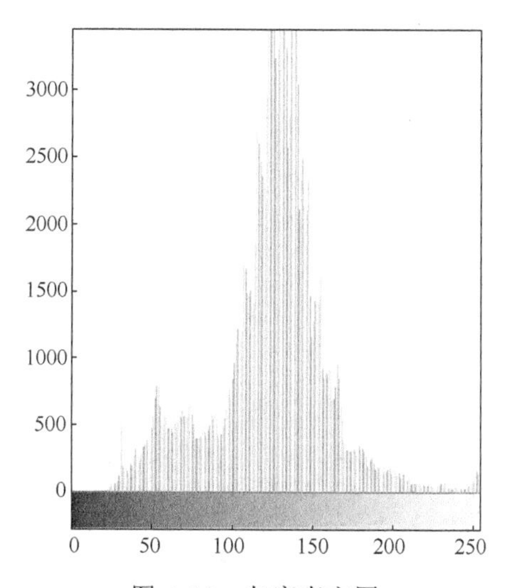

图 4-14　灰度直方图

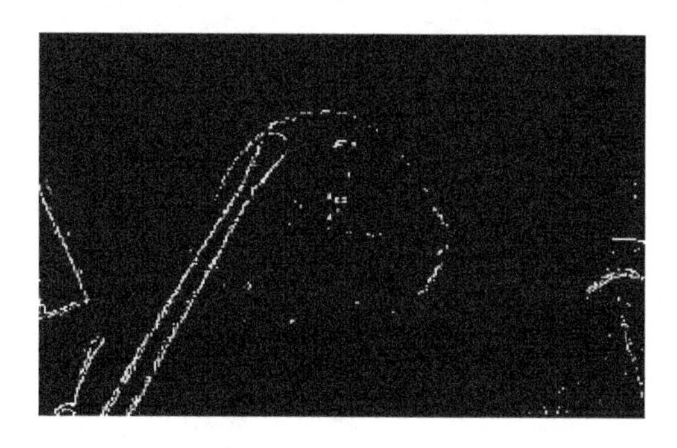

图 4-15　咽拭子轮廓图

由图 4-14 可知，识别到的灰度图像阈值基本集中在 175 以下，为咽拭子轮廓识别提供了良好的环境，之后对提取的咽拭子轮廓进行计算，获取最大外接矩阵，根据轮廓像素，取像素位置在 y 方向上的最大极值与 x 方向的最大极值来确定出矩形的长和宽，选取像素位置在 y 方向的最大值与在 x 方向的最大值作为矩形框左上角的顶点位置，根据得到的左上角顶点位置信息与矩形框的长和宽，画出矩形框，如图 4-16 所示。

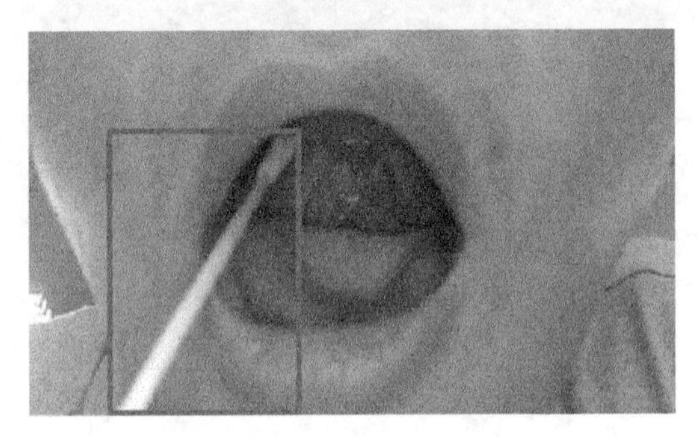

图 4-16　最大外接矩形框图

根据矩形框计算最小外接矩形，如图 4-17 所示。通过最小外接矩形函数，得出咽拭子的中心坐标 (x,y)、宽度 w、高度 h、旋转角度信息 α。宽度信息将作为深度值的参考值，但宽度值会与高度值混淆，因此需对宽度值与高度值进行比对，输出二者之中的最小值，设输出值为 $P=\min\{w,h\}$。

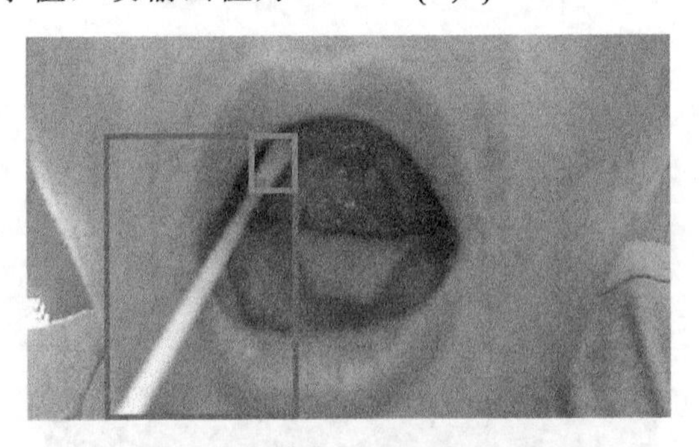

图 4-17　最小外接矩形框图

(2) 对咽拭子头的距离信息进行判定，设定摄像机距离咽拭子头的距离为 D，摄像机获取咽拭子头的像素宽度为 P，得出焦距结果为

$$F=\frac{P\times D}{W} \tag{4-35}$$

摄像机的焦距信息 F 为固定值，咽拭子头的实际宽度 W 为固定值，摄像机拍

摄到的咽拭子头的宽度为 P。由此可得出咽拭子头距离摄像头的位置为

$$D=\frac{W\times F}{P} \tag{4-36}$$

按照同样的方法对摄像头与靶点的位置信息进行计算，靶点距离摄像头的距离为

$$D'=\frac{W'\times F}{P'} \tag{4-37}$$

对 D' 与 D 做差，当差值 x 在预设范围 (a,b) 内，则判定通过。

通过多人实际采样数据进行分析，在被采样人员的口腔填充满口腔框时，对咽拭子与靶点接触的咽拭子宽度 P 进行记录，取多人采样时的平均值，根据平均值设定采样通过最小值 y，当 $P<y$ 时，则判定通过。

根据上述判定标准，当 $A=\{x\in(a,b)且P<y\}$ 时，则判定咽拭子入口腔深度合适。当咽拭子分别通过在三个靶点区域，且在每个靶点区域满足相对应的 A 时，则判定核酸检测成功。

4.5 咽拭子目标跟踪与轨迹预测

第三代咽拭子采样自助设备可通过咽拭子目标跟踪与轨迹预测来判定被采样人员采样有效性。在被采样人员采样过程中，咽拭子采样自助设备可通过目标识别方法得到咽拭子头部的位置框，将位置框的中心点作为咽拭子头部的识别锚点；根据识别锚点估计预测锚点并作为跟踪锚点在视频中显示，再将跟踪锚点输入轨迹预测模型后输出轨迹线，并将轨迹线在显示器上实时显示和更新。通过实时跟踪采样过程中咽拭子头部及预测咽拭子头部的轨迹，并将跟踪标识点和预测轨迹加载至被采样人员的口腔视频数据中形成示教视频，被采用人员通过示教视频的辅助可快速有效地进行咽拭子采样。

4.5.1 基于模型构建的目标跟踪方法

目标跟踪是计算机视觉领域的一个重要研究方向，其利用视频或图像序列的上下文信息，对目标的外观和运动信息进行建模，从而对目标运动状态进行预测并标定目标的位置。目标跟踪方法从构建模型的角度可以分为生成式模型和判别式模型两类[22,23]；根据跟踪目标数量可分为单目标跟踪和多目标跟踪。目标跟踪融合了图像处理、机器学习、最优化等多个领域的理论和方法，是完成更高层级的图像理解任务的前提和基础。

目前轨迹预测方法主要分为两种：一种是基于模型驱动预测，另一种基于历

史数据驱动的深度学习预测。基于模型驱动的轨迹预测包括社会力模型预测、马尔可夫模型预测、卡尔曼滤波模型预测等。然而基于模型驱动的预测方法对于轨迹历史隐藏轨迹数据存在注意力不足、预测精度较低等问题。目前随着深度学习的迅速发展，基于历史数据驱动的深度学习预测方向逐渐成为主流，其可以较好地解决基于模型驱动预测的不足，目前较为主流的是基于RNN与LSTM以及GAN对轨迹进行预测，而RNN存在“梯度消失”、“梯度爆炸”等问题，作为RNN的变种，LSTM克服了传统RNN网络存在的大部分问题，能够从时空特征中提取出有效的信息[24]。其拥有遗忘门、输入门、输出门，可以较好处理这些问题。本章将基于LSTM实现咽拭子的轨迹预测。

4.5.2　基于视频帧差值计算的轨迹预测方法

1）视频帧截取

通过实时采集被采样人员咽拭子采样过程中口腔内的视频数据，并将该视频数据在显示器上实时显示。截取视频数据存在有咽拭子头部的第 $t-1$ 视频帧和第 t 视频帧，通过目标识别方法对咽拭子头部进行目标检测并得到咽拭子头部的位置框，将位置框的中心点作为咽拭子头部的识别锚点。获取第 $t-1$ 视频帧中的识别锚点并作为第 $t-1$ 识别锚点，获取第 t 视频帧中的识别锚点并作为第 t 识别锚点。

2）通过协方差拟合轨迹线

根据第 $t-1$ 识别锚点的均值通过状态转移矩阵估计第 t 预测锚点的均值，并计算出第 t 识别锚点和第 t 预测锚点的均值误差，并通过均值误差更新第 t 预测锚点的协方差。

当协方差小于设定阈值时，则计算第 t 预测锚点的均值向量并将该均值向量的坐标数据作为第 t 跟踪锚点的位置坐标，并在显示屏上通过标识点显示该位置坐标且令 $t=t+1$，再次截取视频数据存在有咽拭子头部的第 t 视频帧和第 $t+1$ 视频帧，通过目标识别方法对视频帧中咽拭子头部进行目标检测并得到咽拭子头部的位置框，将位置框的中心点作为咽拭子头部的识别锚点。获取第 t 视频帧中的识别锚点并作为第 $t+1$ 识别锚点，获取第 $t+1$ 视频帧中的识别锚点并作为第 $t+2$ 识别锚点。并且同时将 $t-1$ 跟踪锚点至 $t+1$ 跟踪锚点的位置坐标进行归一化处理并输入以LSTM为主干构建的轨迹预测模型中，并输出轨迹点。否则重新计算第 t 预测锚点的协方差，流程图如图4-18所示。将轨迹点进行并联拟合成一个完整的轨迹线，并在显示器上实时显示和更新所述轨迹线。

在该方法通过均值误差更新第 t 预测锚点的协方差时，预测锚点的协方差计算方法为：通过四维向量 G 来表征预测锚点的均值，四维向量为

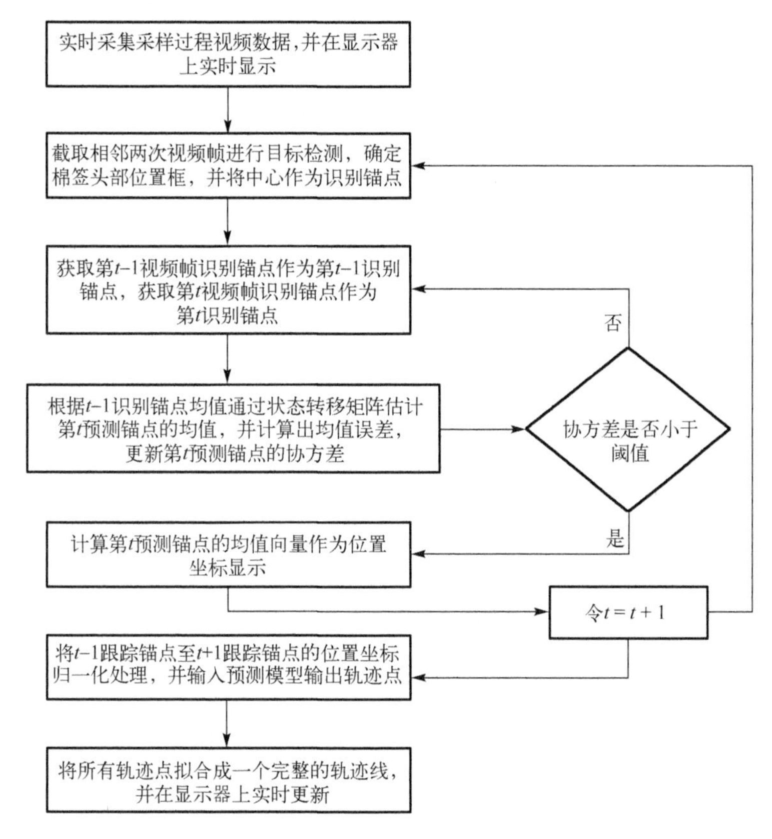

图 4-18　第三代咽拭子采样自助设备目标跟踪与轨迹预测流程图

$$G = [c_x, c_y, v_x, v_y] \tag{4-38}$$

式中，c_x、c_y 为锚点的坐标，v_x、v_y 为速度变化值，初始化为零，预测锚点的均值为

$$G_t = FG_{t-1} \tag{4-39}$$

式中，G_{t-1} 为前一帧预测锚点的均值，F 为一个 4×4 的状态转移矩阵，那么

$$F = \begin{bmatrix} 1 & 0 & \tau & 0 \\ 0 & 1 & 0 & \tau \\ 1 & 1 & 1 & 0 \\ 1 & 1 & 0 & 1 \end{bmatrix} \tag{4-40}$$

矩阵元素 τ 为当前帧识别锚点与前一帧识别锚点位置数据的差值。识别锚点和预测锚点的均值误差为

$$y_t = z - HG_t \tag{4-41}$$

$$z = [c_x, c_y] \tag{4-42}$$

式中，z 为当前时刻视频帧中识别锚点的均值向量，H 为测量矩阵，则有

$$H=\begin{bmatrix}1&1&0&0\\1&1&0&0\\0&0&0&0\\0&0&0&0\end{bmatrix} \tag{4-43}$$

通过均值误差 y_t 对预测锚点进行更新，进而得到更新后预测锚点的均值向量，那么

$$G=G_{t-1}+P_{t-1}H^{\mathrm{T}}(HP_{t-1}H^{\mathrm{T}}+R)^{-1}y_t \tag{4-44}$$

式中，R 为咽拭子目标检测的噪声矩阵，则有

$$R=\begin{bmatrix}10^{-6}&0&0&0\\0&10^{-6}&0&0\\0&0&10^{-6}&0\\0&0&0&10^{-6}\end{bmatrix} \tag{4-45}$$

更新后预测锚点的协方差为

$$P=(1-P_{t-1}H^{\mathrm{T}}(HP_{t-1}H^{\mathrm{T}}+R)^{-1}H)P_{t-1} \tag{4-46}$$

在该方法将 $t-1$ 跟踪锚点至 $t+1$ 跟踪锚点的位置坐标进行归一化处理中，所使用归一化处理的结果为

$$x_i=\frac{x_i-\mu}{\sigma} \tag{4-47}$$

式中，x_i 为视频帧轨迹点的坐标值，μ 为 $t-1$ 跟踪锚点至 $t+1$ 跟踪锚点位置坐标的平均值，σ 为 $t-1$ 跟踪锚点至 $t+1$ 跟踪锚点位置坐标的标准差。

通过归一化处理，消除了数据集中咽拭子轨迹点异常大或异常小的值，便于各轨迹点之间比较和加权，避免轨迹线的梯度消失和梯度爆炸现象。

3）构建轨迹预测深度学习网络模型

在轨迹预测方法模型中包括两层 LSTM 网络、输入层、输出层、全连接层和卷积层，输入层经两层 LSTM 网络后再经全连接层与输出层连接，在卷积层的输入端与输入层和 LSTM 网络的公共端相连接，卷积层的输出端与全连接层的输入端连接。该轨迹预测模型的输入为轨迹点向量 x_t，轨迹预测模型的输出为预测轨迹点向量 H_t，轨迹预测模型的计算过程为

$$H_t=\sum_{t=0}^{n}f_{\mathrm{LSTM}}(f_{\mathrm{LSTM}}(x_t))+\lambda(W_C*x_t+C) \tag{4-48}$$

式中，$f_{\mathrm{LSTM}}(\cdot)$为LSTM模块的计算函数，$*$表示卷积计算，λ为卷积层的权重，W_C为Conv卷积层的网络参数，C为误差值并通过网络训练获得。

每层LSTM网络均包括若干个LSTM模块，LSTM模块包括三个输入和两个输出，三个输入分别为前一时刻输出H_{t-1}、前一时刻状态信息B_{t-1}和当前时刻轨迹点向量X_t，两个输出分别为当前时刻输出H_t和当前时刻状态信息B_t，函数$f_{\mathrm{LSTM}}(\cdot)$计算过程如下

$$B_t = f(x_t) \circ B_{t-1} + i(x_t) \circ C(x_t) \tag{4-49}$$

$$H_t = o(x_t) \circ \tanh(B_t) \tag{4-50}$$

式中，$\circ$为哈达玛(Hadamard)积，tanh为激活函数，C_t为t时刻经过衰减及记忆增强保留的特征，f_t、i_t和o_t分别为LSTM模块t时刻遗忘门的输出、输入门的输出和输出门的输出，计算过程如下

$$C(x_t) = \tanh(W_{x_c} * x_t + U_{h_c} * H_{t-1}) \tag{4-51}$$

$$f(x_t) = \sigma(W_{x_f} * x_t + U_{h_f} * H_{t-1} + W_{c_f} \circ C(x_{t-1}) + C_f) \tag{4-52}$$

$$i(x_t) = \sigma(W_{x_i} * x_t + U_{h_i} * H_{t-1} + W_{c_i} \circ C(x_{t-1}) + C_i) \tag{4-53}$$

$$o(x_t) = \sigma(W_{x_0} * x_t + U_{h_0} * H_{t-1} + W_{C_0} \circ C(x_t) + C_o) \tag{4-54}$$

式中，W_{x_c}和U_{h_c}分别为记忆增强保留特征的网络参数，σ为Sigmoid激活函数，W_{x_f}、U_{h_f}、W_{x_i}、U_{h_i}、W_{x_0}、U_{h_0}分别为遗忘门的模型参数、输入门的模型参数和输出门的模型参数，W_{c_f}、W_{c_i}和W_{C_0}分别为记忆增强保留特征的融合权重参数，tanh为激活函数。

在轨迹预测模型的训练之前，需要将训练集切分为相同步长的多个数组，x_0^0表示输入数据的第一个数组中的第一条记录，s为步长即时间序列窗口大小。在训练过程中，轨迹点数据从输入层输入，输出层输出预测轨迹。在输入层之后相连的为第一层LSTM网络，在水平方向传播前一个LSTM单元学习的特征，使得网络可以考虑先前单元学习到的特征。使用第二个LSTM网络层堆叠在其后，其结构与上一层网络类似，以挖掘数据中更多的隐含信息，最后使用一个全连接层连接作为输出层，输出最终结果。

模型的训练过程，就是不断更新网络中各个权重的值，使得神经网络的输出不断接近真实值的过程。将$t-1$跟踪锚点至$t+1$跟踪锚点的位置坐标进行归一化处理并输入训练好的轨迹预测模型中，输出轨迹点。将所述轨迹点进行并联拟合成一个完整的轨迹线。为证明轨迹预测模型和方法的有效性，使用水平误差和时间误差评估模型，水平误差为预测轨迹点C和真实轨迹点T在二维平面下的欧氏

距离，那么

$$e_h = \sqrt{(x_C - x_T)^2 + (y_C - y_T)^2} \tag{4-55}$$

时间误差是指两条航迹中对应轨迹点的时间差值，则

$$e_t = |t_C - t_T| \tag{4-56}$$

依据上述误差评估方式构建轨迹预测模型训练的损失函数，即

$$L_{\mathrm{MAE}} = \frac{1}{m}\sum_{i=1}^{m}|P_i - R_i| \tag{4-57}$$

$$P_i = [x_C, y_C, t_C] \tag{4-58}$$

$$R_i = [x_T, y_T, t_T] \tag{4-59}$$

式中，P_i为第 i 个轨迹点特征的预测值，R_i为第 i 个轨迹点特征实际值。训练轨迹预测模型，通过最小化损失函数来实现。

通过平均位移误差(Average Displacement Error，ADE)和最终位移误差(Final Displacement Error，FDE)两个指标来评价训练得到的轨迹预测模型性能的优劣，即咽拭子采样的有效性。计算过程如下

$$\mathrm{ADE}(i) = \frac{1}{T'}\sum_{0}^{T'} e_h \tag{4-60}$$

$$\mathrm{ADE} = \frac{1}{N'}\sum_{0}^{N'} \mathrm{ADE}(i) \tag{4-61}$$

$$\mathrm{FDE}(i) = \sqrt{(x_{C_i} - x_{T_i})^2 + (y_{C_i} - y_{T_i})^2} \tag{4-62}$$

$$\mathrm{FDE} = \frac{1}{N'}\sum_{0}^{N'} \mathrm{FDE}(i) \tag{4-63}$$

式中，x_{C_i}、y_{C_i}为最终时间点的预测结果，x_{T_i}、y_{T_i}为最终时间点的实际真实结果。使用 60 段自助咽拭子采样视频中提取的咽拭子头部跟踪的轨迹进行测试，进行 3s 的轨迹预测更新，计算求得 ADE 值为 1.28 个像素距离，FDE 值为 1.58 个像素距离。由指标值可知，轨迹预测模型预测得到的轨迹误差在一个很小的范围，满足方法的应用要求，证明了轨迹预测模型和方法的有效性。

基于视觉的目标跟踪检测方法通过计算目标预测的锚框和检测锚框的大小与位置 IoU 值，获得最优跟踪锚框，此过程需要通过锚框宽、高、顶点坐标、宽高比等特征数据来进行差值计算，计算量较大。而咽拭子目标检测采用的是锚点，

与锚框不同，锚点仅包含目标的位置信息，即视频帧图像中的坐标 (x, y)。由于在咽拭子采样咽拭子目标跟踪和预测过程中，不需要咽拭子的大小形状信息，所以在目标识别数据集准备阶段就用锚点进行标注，标注点位于咽拭子图像特征的重心位置。本方法计算前后视频帧中预测锚点与检测锚点的坐标位置距离，通过数据训练得到最优的距离范围，设定阈值，在阈值范围内则为有效预测锚点，即跟踪锚点。

咽拭子目标轨迹预测的目的是通过实时轨迹数据和预测模型完成对咽拭子运动轨迹的提前规划和显示。现有类似基于视觉的车辆轨迹预测和基于视觉的人体行走轨迹预测方法，都是在固定的场景下，运动目标如车辆、行人都有一定的轨迹分布规律。在大量视频数据的训练下进行车辆和行人轨迹数据分布的计算分析，通过深度网络训练从大数据的轨迹分布数据先验得到规定场景下的目标运动规则进行轨迹分布预测，从而预测出轨迹数据。

第三代咽拭子采样自助机器人轨迹预测方法，在方法层面，构建的深度学习网络模型，其网络层的设计是基于预测过程对于先验轨迹数据的依赖，即实时的真实轨迹数据，即在 t_1 时刻咽拭子预测网络模型的输入为一段时间 $t_0 \sim t_1$ 内的图像帧中咽拭子目标跟踪的轨迹序列数据 x_t^0（图 4-19 中所示第一层输入数据），输出

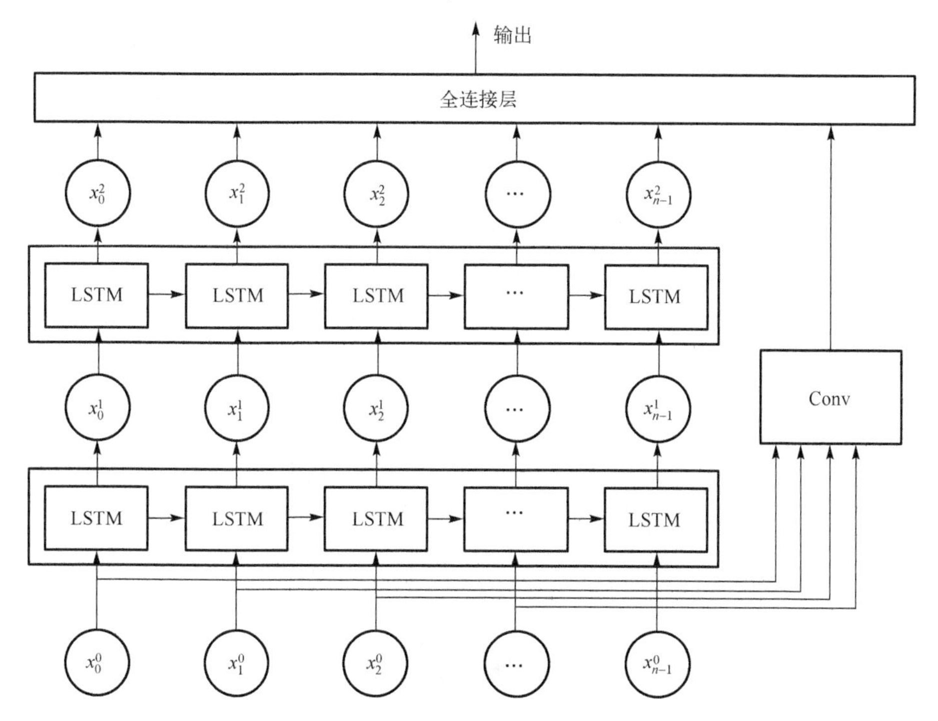

图 4-19　LSTM 网络模型

端为预测的从 t_1 时刻之后一段时间 ($t_1 \sim t_2$) 内的轨迹点位置序列，轨迹的终点位置是核酸检测目标区域。

4.6　多源异构信息融合的嘴部精准定位

4.6.1　基于相位法的实时距离测算

相位式激光测距[25]先测量调制光波信号在一定距离往返传播时的相位差，得出测量信号的传播时间，最终计算得到被测距离[26]。设调制光波是频率为 f 的正弦波，推导出光波由 A 点传播至 B 点的相位差 $\varPhi$ 。

$$\varPhi = 2m\pi + \Delta\varphi = m + \Delta m 2\pi \tag{4-64}$$

式中， m 为大于等于 0 的正整数， $\Delta m = \dfrac{\Delta\varphi}{2\pi}$ 。

根据波长与频率的关系 $\lambda = \dfrac{c}{f}$ ，可得 A 点和 B 点间的距离为

$$L = ct = c\frac{\varphi}{2\pi f} = \lambda m + \Delta m \tag{4-65}$$

根据式(4-64)可知，距离与波长呈正比例关系。一般从 A 点到 B 点的相位差数值很小，导致精确测量较困难，将 A 点和 B 点设为发射系统和接收系统，不利于实际操作。因此在 B 点添加角反射器，将测距仪的发射系统和接收系统均设置于 A 点，以光波在被测距离往返一次进行计算，大大降低了测量误差和操作复杂性。

由于相位式激光测距技术在高频信号的测量时具有很大的误差，所以在测距仪中引入差频测相技术[27]。差频测相先将高频信号转换成低频信号进行测试，转换后的低频信号保留了原信号的相位性质，同时增大了信号的处理能力和传播周期，使得测量精度大大提高，激光测距仪如图 4-20 所示。

图 4-20　激光测距仪

主振信号为

$$e_{s_1} = A\cos\omega_s t + \varphi_s \tag{4-66}$$

调制光波往返一次后被接收器接收后的测距信号为

$$e_{s_2} = B\cos\omega_s t + \varphi_s + \Delta\varphi_0 \tag{4-67}$$

本振信号为

$$e_1 = A\cos\omega_1 t + \varphi_1 \tag{4-68}$$

因此，本振信号与主振信号之间的差频参考信号为

$$e_r = D\cos(\omega_s - \omega_t t + \varphi_s - \varphi_t) \tag{4-69}$$

本振信号与测距信号之间的差频测距信号为

$$e_s = E\cos[(\omega_s - \omega_t)t + (\Phi_s - \varphi_t) + \Delta\varphi] \tag{4-70}$$

根据式(4-70)可知，差频参考信号和差频测距信号相位差与直接测量的高频信号的相位差相同，即相位不变，频率发生改变，将原来的高频信号转化为低频信号。

Modbus 通信是主从通信机制，主机将消息帧发送给从机，从机在接收到消息后，返回相应的应答帧，其主从关系如图 4-21 所示。

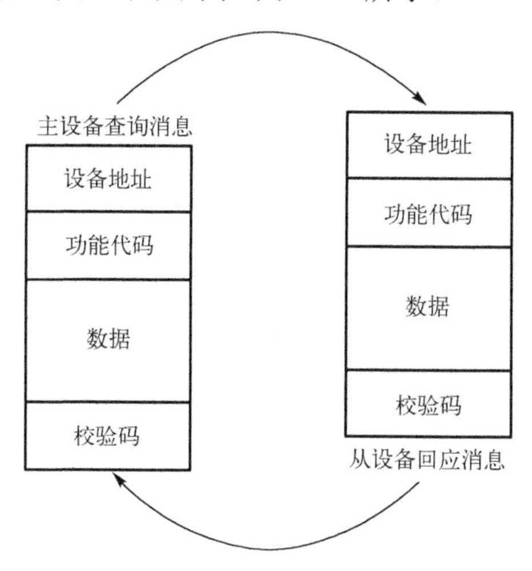

图 4-21　Modbus 主从关系图

上位机和传感器之间通过 Modbus RTU 协议进行数据通信，激光测距传感器接收上位机发送的命令后，完成传感器打开、关闭和逻辑地址和工作模式设置，将数据发送到上位机，由上位机进行处理、显示、存储。首先进行初始化操作，主要包括传感器地址设置、通信设置和初始高度设置，初始化完成后，将打开传感器命令、测量模式设置命令依次写入各传感器的寄存器，各传感器依据逻辑地

址区分。命令包括逻辑地址码、功能码、寄存器地址、寄存器数量和循环冗余校验码(Cyclic Redundancy Check，CRC)。如果出错，根据返回的错误代码识别修正错误，重新写入命令。上述步骤完成后，系统处于待机状态，当写入开始测量命令时，上位机读取数据寄存器的数据，进行处理、显示和存储。当完成测量时，依据逻辑地址依次关闭传感器和串口，主流程图如图 4-22 所示。

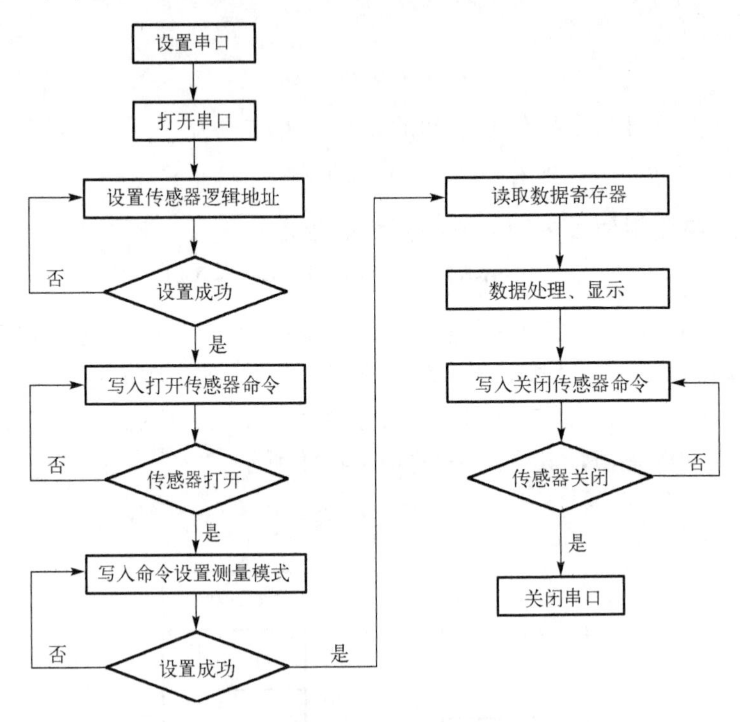

图 4-22　主流程图

4.6.2　基于级联分类器的嘴唇识别

使用 OpenCV 中的 Adaboost 级联的 Haar 分类器进行人脸检测和鼻子检测，由于鼻子在口型变化时相对比较稳定，故可采用检测出的鼻子和人脸对口唇的位置进行估计，使用检测到的脸和鼻子的区域位置以及实验得到的嘴唇相对人脸和鼻子的位置比例关系可以比较精确地得到嘴唇的区域位置[28]。

根据以上方法对口唇进行定位，可以尽可能地去掉唇色和肤色之外的其他颜色，而且矩形框可以较好地包围在口唇周围。利用 Fisher 准则，即类内离散度比较低而类外离散度比较大的特点对口唇进行分割，其步骤如下：

首先，计算检测出的矩形区域的均值。

其次，根据式(4-70)计算检测出的矩形区域的协方差，其中 width 和 height

分别为口唇区域的宽和高，$k(i,j)$ 为口唇区域第 i 行第 j 列的像素值，mean 为矩形区域的均值。

最后，利用计算出的均值和方差之和作为域值进行域值分割，可以很好地提取出嘴唇，检测到的嘴唇图像如图 4-23 所示。

$$\mathrm{cor}=\frac{\mathrm{sqrt}\left(\sum_{i=1}^{\mathrm{width}}\sum_{j=1}^{\mathrm{height}}k(i,j)-\mathrm{mean}\right)}{\mathrm{width}\times\mathrm{height}-1} \tag{4-71}$$

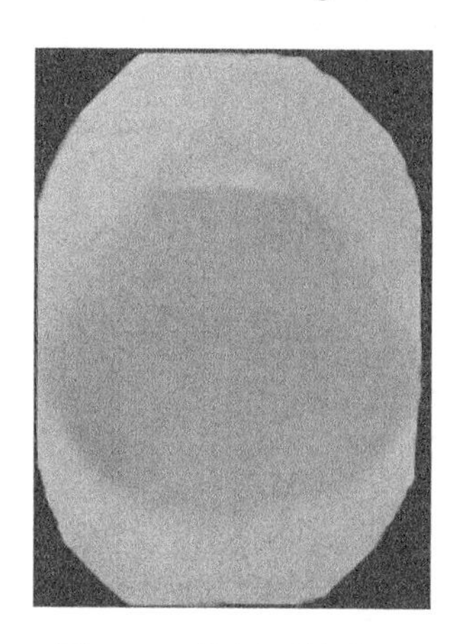

图 4-23　检测到的嘴唇

4.6.3　基于多源信息融合的动态嘴部定位方法

识别出嘴唇后，确定激光测距传感器激光照射目标位点，使激光测距传感器的激光能够准确打在下嘴唇中心位置上，激光点位置图如图 4-24 所示。

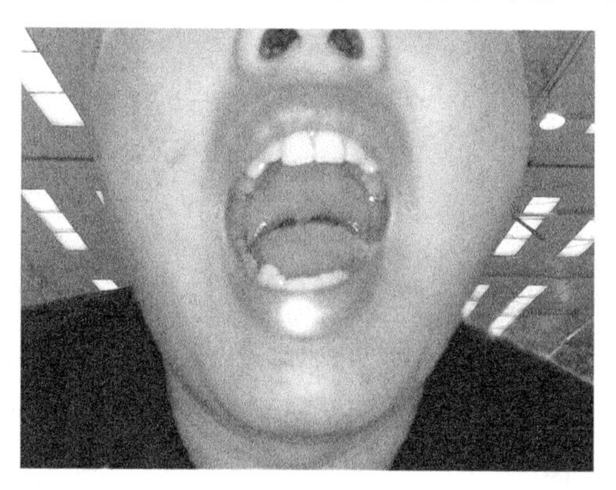

图 4-24　激光点位置

当被检测者进行核酸检测时头部出现晃动、嘴唇位置发生变化时，通过在激光测距下方安装舵机对激光测距角度进行实时调整，使激光测距点始终照射到人下嘴唇上。具体推理如下：由余弦定理 $\cos\theta = \dfrac{h^2 + a^2 - b^2}{2ha}$，求出角度 θ。其中 h 为核酸检测设备相机与激光测距传感器的安装高度差，a 为被检测者下嘴唇与激光测距传感器距离，b 为被检测者下嘴唇与相机之间距离。

人头部移动前后，竖直方向角度变化为 $\Delta\theta = \theta_1 - \theta_2$，控制激光测距下方安装的驱动器转动相同角度，保持激光测距传感器红色激光点始终打在被检测者的下嘴唇上，激光测距深度检测如图 4-25 所示。

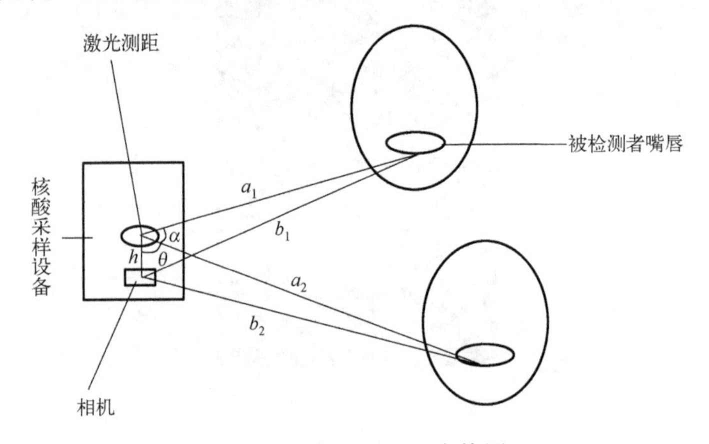

图 4-25 激光测距深度检测

将激光测距检测到的下嘴唇距离视为头部距检测设备的距离，当该距离在合适阈值范围内视为嘴部位置合适，红点位置确定以后，激光测距所测深度 a 值确定，口腔深度范围阈值确定，当检测到棉签到达该阈值范围即视为采样通过。

4.7 二维空间采样棉签与腭垂深度位置动态匹配

第三代咽拭子采样自助设备可通过采样棉签与腭垂深度位置动态匹配的方法保证咽拭子采样的有效性。

通过摄像机实时采集被采样人员的口腔视频数据，再通过识别方法识别出口腔视频数据中用于咽拭子采样的器官特征，并作为咽拭子采样靶点。被采样人员自助进行咽拭子采样时，在口腔视频数据中识别和跟踪咽拭子棉签的头部，当咽拭子头部和咽拭子采样靶点在口腔内的深度在设定阈值范围内，同时咽拭子头部和咽拭子采样轨迹重合，则判定咽拭子棉签在咽拭子采样靶点上擦拭成功，认为咽拭子采样成功，否则被采样人员继续进行咽拭子采样，如图 4-26 所示。

器官特征包括悬雍垂外形特征、左扁桃体外形特征和右扁桃体外形特征。将器官特征作为咽拭子采样靶点目标，通过目标识别方法构建咽拭子采样靶点目标识别网络；初始化咽拭子采样靶点目标识别网络的参数，输入咽拭子采样靶点目标的数据集并对咽拭子采样靶点目标识别网络进行参数训练，控制器通过咽拭子采样靶点目标识别网络识别器官特征。

通过咽拭子采样靶点目标识别网络识别口腔视频数据中咽拭子采样靶点目标。咽拭子采样靶点目标为视频数据中的器官特征，并在显示器的画面内标识出覆盖器官特征的目标框，将目标框的中心点作为咽拭子采样靶点，并将咽拭子采样靶点的轨迹作为咽拭子采样轨迹。

判定咽拭子头部和咽拭子采样靶点在口腔内的深度处于设定阈值范围内的过程为：先将口腔视频数据进行阈值处理并得到二值图像。通过最大外接矩阵计算得到口腔视频数据中咽拭子头部的第一最大外接轮廓框，通过最小外接矩形函数计算得到第一最大外接轮廓框内咽拭子头部的最小外接矩形的宽度，并将该宽度记为 P。采集医护人员进行咽拭子采样时的 P 值并组成数据集，计算并保存该数据集的平均值 A，当被采样人员进行咽拭子采样时的 P 值小于该平均值 A 时，认为该 P 值有效并用于所述 D 值的计算，否则重新计算 P 值。

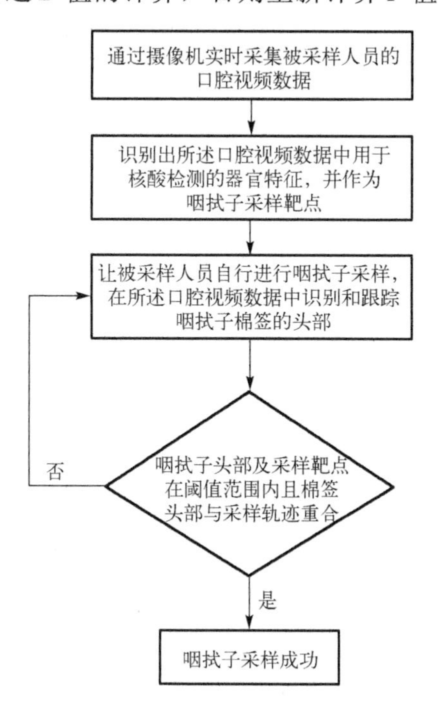

图 4-26 第三代咽拭子采样自助设备采样有效性判定流程

通过最大外接矩阵计算得到口腔视频数据中咽拭子采样靶点的第二最大外接轮廓框，通过最小外接矩形函数计算得到第二最大外接轮廓框内咽拭子采样靶点的最小外接矩形的宽度，并将该宽度记为 P'，F 为所述摄像机的焦距；W 为头部的实际宽度；W' 为咽拭子采样靶点的实际宽度；根据式(4-36)计算出摄像机与咽拭子采样靶点的距离。得到的结果 D' 为悬雍垂外形特征、左扁桃体外形特征和右扁桃体外形特征三者与所述摄像机距离的平均值。当 D 和 D' 之间的差值在设定范围内，则判定咽拭子头部与咽拭子采样靶点接触。结合所述器官特征之间的相对位置关系构建器官特征之间的空间语义关系，通过空间语义关系计算得到被遮挡的器官特征。

在摄像机的下侧固定安装有激光测距仪，通过该激光测距仪测得人脸嘴唇下部到摄像机的距离 M，根据实验人员采样时的舒适性和口腔视频数据的清晰度通过实验得到距离 M 的标准区间，并在被采样人员采样时指导被采样人员移动至标准区间内。

4.8 本章小结

本章主要介绍了口腔昏暗环境下悬雍垂自动捕捉、不规则口腔内腭垂及咽后壁动态精准识别、基于咽拭子形态的口腔深度预测、咽拭子目标跟踪与轨迹预测、多源异构信息融合的嘴部精准定位以及二维空间下的采样棉签与腭垂深度位置动态匹配的方法。实现了昏暗复杂环境下腭垂及咽后壁的精准识别及追踪，解决了昏暗环境下小目标的精准识别与跟踪及遮挡问题。实现了采样咽拭子目标跟踪与轨迹预测，解决了跟踪过程中的“梯度消失”、“梯度爆炸”问题，咽拭子采样自助机器人能够在相对复杂的口腔环境下进行小目标识别与精准定位。

参考文献

[1] 邹良娜. 基于改进 Retinex 算法的低照度图像增强. 现代信息科技, 2023, 7(5): 113-115.

[2] Danelljan M, Bhat G, Shahbaz K F, et al. Eco: efficient convolution operators for tracking // The 30th IEEE/CVF Conference on Computer Vision and Pattern Recognition, Honolulu, 2017.

[3] Liu Y, Li J. Comparing the effectiveness of two convolutional neural networks methods on fault diagnosis//The 9th IEEE Data Driven Control and Learning Systems Conference, Liuzhou, 2020.

[4] Shahid F, Zameer A, Muneeb M. Predictions for COVID-19 with deep learning models of

LSTM, GRU and Bi-LSTM. Chaos, Solitons and Fractals, 2020, 140: 110-125.

[5] 田宁, 程莉, 元海文, 等. 基于 Retinex 模型的水下图像增强方法. 中国科技论文, 2022, 17(11): 1281-1288.

[6] 唐松奇. 基于卷积神经网络的水下图像增强与拼接方法研究. 哈尔滨: 哈尔滨工程大学, 2020.

[7] Chang Q, Zhu S. Human vision attention mechanism-inspired temporal-spatial feature pyramid for video saliency detection. Cognitive Computation, 2023, 3(15): 1-13.

[8] 陈闯. 水下非合作机动目标探测与识别方法研究. 新乡: 河南科技学院, 2022.

[9] 刘斌, 王耀威. 基于残差注意力机制的图像超分辨率算法研究. 吉林大学学报(信息科学版), 2023, 5(9): 1-9.

[10] Gers F A, Schmidhuber J, Cummins F. Learning to forget: continual prediction with LSTM. Neural Computation, 2000, 12(10): 2451-2471.

[11] 陈志旺, 刘旺. 特征融合和自校正的多尺度改进 KCF 目标跟踪算法研究. 高技术通讯, 2022, 32(4): 337-350.

[12] 张蕾. 基于 Hessian 矩阵的深度学习损失平面的优化特性分析. 济南: 山东大学, 2020.

[13] 游达章, 陶加涛, 张业鹏, 等. 基于灰度变换及改进 Retinex 的低照度图像增强. 红外技术, 2023, 45(2): 161-170.

[14] 彭大鑫, 甄彤, 李智慧. 低光照图像增强研究方法综述. 计算机工程与应用, 2023, 5(9): 1-19.

[15] 翟海祥, 何嘉奇, 王正家, 等. 改进 Retinex 与多图像融合算法用于低照度图像增强. 红外技术, 2021, 43(10): 987-993.

[16] 苏渝校. 基于监督信号增强的唇语识别算法研究. 广州: 广东工业大学, 2021.

[17] 郑棨元. 面向小目标检测的多尺度特征融合方法研究. 无锡: 江南大学, 2022.

[18] Wang X, Al-Bashabsheh A, Zhao C, et al. Smoothed InfoNCE: breaking the log n curse without overshooting // The IEEE International Symposium on Information Theory, Espoo, 2022.

[19] 李顺君, 钱强, 史金龙, 等. 基于卷积神经网络的扁桃体咽拭子采样机器人. 计算机工程与应用, 2022, 58(15): 324-329.

[20] Wen L, Li X, Gao L. A transfer convolutional neural network for fault diagnosis based on ResNet-50. Neural Computing and Applications, 2020, 32: 6111-6124.

[21] 朱均安, 陈涛, 曹景太. 基于显著性区域加权的相关滤波目标跟踪. 光学精密工程, 2021, 29(2): 363-373.

[22] 李梅平, 李佳安, 刘宏伟, 等. 基于单目视觉的双机器人协同标定技术. 制造技术与机床, 2023, 11(4): 50-55.

[23] 袁武飞，李伟光，熊兴中，等. 基于对目标理解和感知的检测跟踪算法. 计算机应用，2022, 42(S2): 67-71.

[24] Jung M, da Costa M P R, Önnheim M, et al. Model predictive control when utilizing LSTM as dynamic models. Engineering Applications of Artificial Intelligence, 2023, 123: 106-121.

[25] 王子剑. 基于相位法的激光测距系统研究. 长春: 吉林大学, 2019.

[26] 崔亚平，沙丽荣. 基于 OpenCV 的建筑设备巡检机器人定位精度检测算法. 自动化与仪器仪表, 2020, 31(12): 10-13.

[27] 薛敏彪，赵雪红，党群. 采用差频测相技术的高精度测距系统研究. 电子设计工程，2017, 25(17): 145-151.

[28] 李杨婧. 利用 haar 和 facenet 实现人脸识别. 福建电脑, 2021, 37(11): 14-17.

第 5 章　咽拭子采样自助机器人应用研究

5.1　系 统 设 计

5.1.1　系统界面

系统总体界面如图 5-1 和图 5-2 所示。

图 5-1　检测等待界面

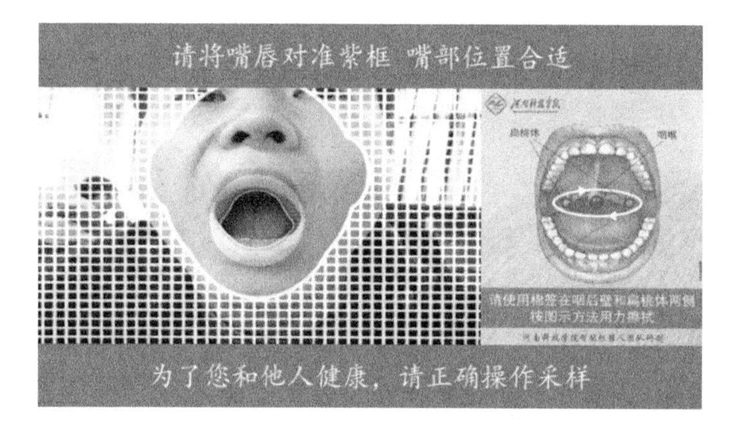

图 5-2　咽拭子采样自助界面

5.1.2 软件结构图

软件结构图如图 5-3 所示。

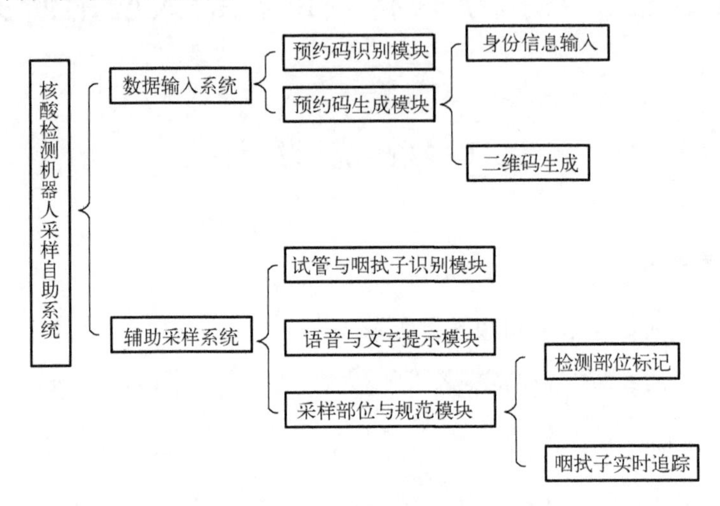

图 5-3　软件结构图

5.1.3 功能概述

该系统主要功能为棉签及擦拭区域识别和语音字幕辅助核酸检测，二者相互配合完成核酸检测。

核酸检测共分为三步，详细步骤如下：

1) 识别棉签与试管

当核酸检测人员完成扫码操作并坐于镜头前时，根据系统提示音："请取走棉签与试管，请将棉签与试管放置在镜头前"，按照提示音完成取出棉签与试管放置在镜头前操作后，当系统检测到镜头前有棉签时会提示检测人员进行下一步操作。

2) 咽拭子检测

该操作步骤根据系统提示音："请张大嘴巴，对准镜头"。当检测人员按照正确步骤操作时，系统会自动识别口腔的棉签擦拭区域，并将识别结果通过图像的形式反馈到检测界面，检测者通过棉签擦拭区域识别结果和界面提示，完成棉签擦拭口腔的步骤。

3) 棉签试管的收集与存放

棉签擦拭口腔步骤完成后，根据提示音："请将棉签头折断放入试管并拧紧试管盖，随后投入收集箱"进行该步骤操作。当系统检测到试管投入收集箱时会判断检测结束，并伴随有结束提示音："采样结束，谢谢您的配合"，至此，核酸检测任务结束。

5.1.4　运行环境需求

1）操作系统

本书研制的咽拭子采样自助机器人服务器使用 Windows 操作系统，具体发行版本为 Windows10，并兼容和支持其他 Windows 发行版。

2）硬件环境

咽拭子采样自助机器人以工控机作为硬件支持，性能具有 12 个 CPU 核心，8GB 内存，256G 硬盘，显卡型号为 GTX1050。

3）部署方式

（1）Windows 下配置 python 环境。

（2）安装深度学习环境。

（3）配置 scipy、numpy、matplotlib 等库。

环境说明：咽拭子采样自助机器人系统兼容并支持 python3.5 以上所有版本与对应的其他安装包版本。

5.2　效果评估

1）实验背景

采集标本应从呼吸系统着手，最常采集的部位就是鼻咽部与口咽部。无论鼻咽拭子或者口咽拭子，其实采集的是呼吸道内的上皮细胞，即病毒的宿主细胞。而内源性内标是人体的管家基因，随着采集的人体细胞加入反应体系，扩增反应的 Ct 值较大时，可能是由于并未采集到足够的细胞。通过选择含内源性内参的核酸检测试剂，结合内标的 Ct 值和曲线情况，在一定程度上可以反映采样的质量，进而对采样效果进行评价。

2）实验目的

通过比对咽拭子采样自助机器人辅助采集的样本与传统医务人员采样的效果，从而评价自助采样设备的有效性、便捷性和安全性。

3）实验方法

每位受检者首先自行在咽拭子采样自助机器人上采样，接着由同一位具备相关资质专业技术人员进行采样，"双采样"完毕后每位被采样者需填写调查问卷。采样后的核酸样本由新乡市疾病预防控制中心负责检测，所有检测样本使用同一平台同一试剂进行检测。检测结果要求收集样本扩增内标 Ct 值。检测过程当中所有样本采取“盲测”，结果全部测完后再揭示编号分组统计收集数据。

检测试剂：提取试剂购自重庆中元生物技术有限公司；扩增试剂购自江苏硕世生物科技股份有限公司。

检测仪器：提取仪为中元；扩增仪为赛默飞 Q7。

4) 实验结果

该次测试共有 218 人参与了人机比对，其中男性占 63.5%，女性占 27.5%，年龄在 19～67 岁，平均年龄 37.67 岁，卫生专业人员占 12.84%，非卫生人员 87.16%，学历层次从初中到硕士研究生。为减小操作条件不同引起的差异，由同一位专业技术人员进行采样，实验室使用同一试剂、同一仪器，当天的样本在采集后 1 小时内由相同的人员同时进行操作。结果如表 5-1 所示。

表 5-1　人采和机采对比

样本号	性别	年龄	人采 Ct 值	机采 Ct 值	样本号	性别	年龄	人采 Ct 值	机采 Ct 值	样本号	性别	年龄	人采 Ct 值	机采 Ct 值
1	男	41	28.79	29.099	24	男	32	31.208	28.752	47	女	36	30.876	31.755
2	男	21	31.496	31.424	25	男	31	31.698	27.160	48	女	37	30.299	30.487
3	男	23	30.614	30.779	26	男	33	30.605	31.101	49	男	29	30.196	31.512
4	女	20	30.111	30.574	27	男	21	31.561	29.203	50	男	47	27.445	26.12
5	男	20	31.659	33.085	28	男	51	26.547	26.428	51	男	29	31.969	31.049
6	男	20	29.153	32.536	29	男	52	31.293	29.261	52	男	50	27.541	29.971
7	男	24	33.085	33.658	30	男	36	31.592	32.455	53	男	47	26.686	28.771
8	男	22	30.804	31.669	31	男	50	27.545	26.816	54	男	27	29.38	27.799
9	男	29	27.393	29.475	32	男	23	31.360	31.166	55	男	32	30.129	31.14
10	男	46	27.831	26.913	33	男	58	27.181	26.131	56	男	32	32.59	29.926
11	男	43	33.909	31.983	34	男	58	28.417	29.079	57	男	24	32.997	30.741
12	男	31	29.999	27.612	35	男	31	29.086	26.535	58	男	51	35.67	33.33
13	男	26	28.465	34.371	36	男	20	27.820	28.429	59	男	30	34.59	32.8
14	男	55	30.762	29.931	37	男	41	30.889	28.703	60	男	46	35.56	33.39
15	男	41	29.974	30.177	38	男	32	34.32	33.18	61	男	44	31.67	33.45
16	女	45	30.682	29.393	39	男	42	29.442	30.734	62	男	30	30.316	30.9
17	男	55	28.928	32.991	40	男	22	29.98	30.283	63	男	49	30.134	29.881
18	男	56	29.318	29.648	41	女	35	30.787	30.65	64	男	40	29.619	31.684
19	男	54	31.23	28.905	42	女	25	32.116	34.641	65	男	48	29.015	28.133
20	女	39	29.643	30.012	43	女	47	31.664	32.352	66	男	38	32.011	29.935
21	女	23	30.312	34.765	44	男	40	30.839	33.092	67	男	24	30.203	28.726
22	男	30	29.98	30.42	45	女	53	32.363	29.537	68	男	30	31.015	31.363
23	男	35	30.036	27.643	46	男	54	30.763	29.857	69	男	42	30.651	30.033

续表

样本号	性别	年龄	人采 Ct 值	机采 Ct 值	样本号	性别	年龄	人采 Ct 值	机采 Ct 值	样本号	性别	年龄	人采 Ct 值	机采 Ct 值
70	男	35	29.442	30.734	105	男	39	29.969	37.509	140	男	34	27.254	28.666
71	男	35	29.98	30.283	106	男	32	31.024	27.653	141	男	45	29.531	28.991
72	男	62	30.787	34.65	107	男	44	27.368	25.596	142	男	35	30.33	29.718
73	男	23	32.116	34.641	108	男	61	28.852	26.156	143	男	48	28.417	29.079
74	女	25	29.448	29.213	109	女	44	29879	28.87	144	男	50	29.086	26.535
75	女	36	28.871	28.871	110	女	37	28.195	29.141	145	女	62	27.820	28.43
76	女	25	33.395	30.654	111	女	34	30.226	25.605	146	女	19	30.889	28.703
77	男	24	32.13	31.901	112	男	43	30.591	29.811	147	女	22	30.01	31.023
78	女	29	33.739	33.2	113	男	28	29.578	28.099	148	女	37	29.382	31.878
79	女	35	30.269	29.836	114	男	53	30.815	28.049	149	男	35	29.88	30.439
80	男	38	30.855	32.474	115	男	35	30.173	29.388	150	男	26	28.274	32.1
81	女	29	28.882	28.238	116	男	54	29.779	31.08	151	男	33	28.555	29.334
82	女	39	28.772	31.453	117	男	32	29.358	29.6	152	男	39	28.01	30.453
83	男	30	31.023	31.324	118	男	41	28.698	30.075	153	男	39	30.861	32.122
84	男	25	31.015	33.578	119	男	48	28.373	26.645	154	男	24	31.6	31.2
85	女	49	31.199	34.048	120	男	26	32.716	36.21	155	女	26	28.69	29.332
86	女	46	32.035	31.195	121	男	62	28.075	30.273	156	男	52	27.841	28.334
87	男	56	31.144	30.326	122	男	33	28.94	29.629	157	男	36	29.191	36.335
88	女	38	31.611	34.324	123	男	44	29.022	30.208	158	男	29	29.282	28.93
89	女	38	30.273	31.453	124	男	50	27.063	27.376	159	男	26	28.711	34.231
90	男	33	31.56	30.754	125	女	38	28.128	29.648	160	女	24	27.868	29.9
91	男	57	28.628	27.753	126	男	26	27.975	27.269	161	女	49	29.619	31.638
92	男	52	30.66	31.458	127	女	19	31.056	28.922	162	女	29	28.21	26.868
93	男	67	28.47	28.691	128	女	47	27.707	25.872	163	女	24	32.363	29.53
94	男	60	31.101	32.585	129	男	40	28.844	26.384	164	男	20	30.763	29.857
95	男	37	28 653	28.715	130	男	34	27.253	27.13	165	男	54	30.876	31.755
96	女	24	31.17	29.997	131	男	49	27.49	28.579	166	男	32	30.3	30.487
97	女	44	31.459	28.314	132	男	41	26.758	25.3	167	女	44	30.196	31.512
98	女	33	28.658	24.852	133	男	38	27.878	27.114	168	男	48	27.445	26.192
99	女	36	31.574	30.194	134	男	23	30.322	29.933	169	男	50	31.969	31.049
100	女	34	28.432	27.428	135	男	24	28.532	27.994	170	男	62	27.541	29.971
101	男	62	31.568	30.675	136	女	44	28.958	28.429	171	女	19	26.686	28.771
102	男	29	29.573	27.753	137	女	47	28.534	31.878	172	男	20	29.38	27.799
103	男	46	29.464	32.525	138	男	43	26.915	25.55	173	女	35	30.129	31.514
104	男	36	31.331	28.801	139	男	36	29.097	30.439	174	男	35	32.59	29.926

续表

样本号	性别	年龄	人采Ct值	机采Ct值	样本号	性别	年龄	人采Ct值	机采Ct值	样本号	性别	年龄	人采Ct值	机采Ct值
175	男	26	32.997	30.741	190	女	54	27.806	29.86	205	女	35	32.716	36.466
176	男	20	35.67	33.363	191	男	32	29.448	29.213	206	男	50	28.075	30.273
177	女	35	34.59	31.833	192	女	44	28.871	28.871	207	男	26	28.555	29.334
178	男	35	35.56	33.323	193	男	48	33.4	30.654	208	女	42	27.35	26.397
179	男	26	31.67	33.495	194	女	50	29.83	30.441	209	女	44	29.507	29.113
180	男	35	30.316	28.956	195	女	62	28.195	29.141	210	女	42	30.053	34.977
181	女	50	30.134	29.881	196	女	19	30.226	25.605	211	女	44	28.953	26.872
182	女	26	29.61	31.684	197	女	20	30.591	29.811	212	男	35	30.773	30.438
183	男	50	29.015	28.133	198	女	35	29.578	28.099	213	女	32	27.806	29.86
184	男	40	32.011	29.935	199	男	35	30.815	28.049	214	男	20	28.501	30.453
185	男	49	30.2	28.726	200	男	26	30.173	29.388	215	男	54	30.861	32.122
186	女	50	31.015	31.363	201	男	20	29.779	31.076	216	男	32	31.677	34.232
187	男	29	30.651	30.033	202	女	35	29.358	33.651	217	女	44	28.685	29.332
188	女	24	30.33	29.718	203	女	35	28.698	30.075	218	女	20	34.302	31.178
189	男	20	30.773	30.438	204	男	26	28.373	26.645					

比对结果如下：

(1) 74.3%的机采结果和人采结果的内标 Ct 值相差小于 1，一致性很高。

(2) 93.6%的机采结果和人采结果的内标 Ct 值相差小于 3，相当于病毒含量不超过一个数量级的差异。

(3) 0.92%的机采结果比人采结果的内标 Ct 值相差接近 6，相当于病毒含量近 100 倍的差异。

经统计学分析，通过咽拭子采样自助机器人与人工采集的样本 Ct 值基本一致，无统计学差异(P=0.9978)，从检测角度讲，不影响结果的检出。

综上所述，通过咽拭子采样自助机器人与人工采样的结果之间无明显差异，适用于普通人群采集。

5) 用户体验

96.33%的使用者对设备引导指令的清晰度较满意；75%认为灵敏度适中；98.17%认为识别准确或一般；86.24%认为示例教学全面；50.46%认为自助采样环节耗时最多、最困难；97.25%可以完成自助采样；44.04%的用户更倾向于使用智能设备自助采样。总体来说，75.2%以上的使用者对该设备较为满意，如图 5-4～图 5-13 所示。

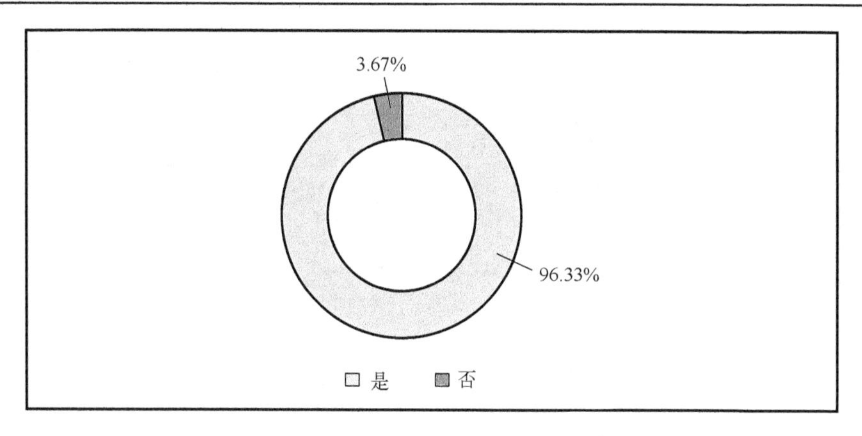

图 5-4　机器人指令引导是否清晰分布图

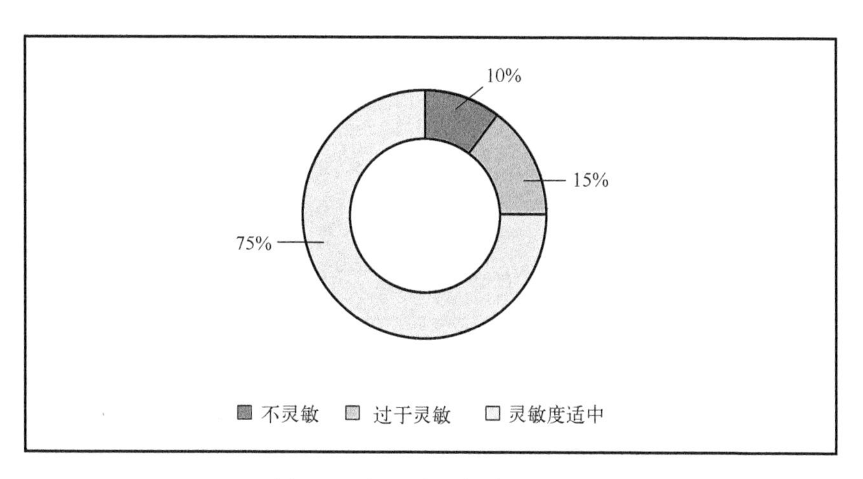

图 5-5　机器人灵敏度分布图

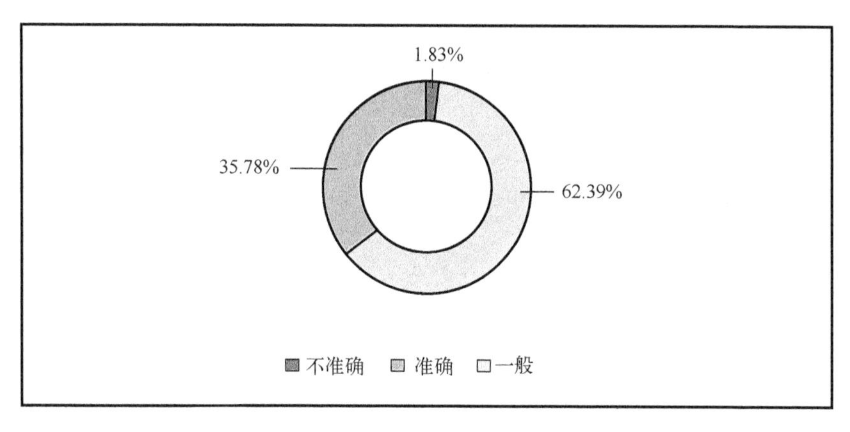

图 5-6　机器人准确度分布图

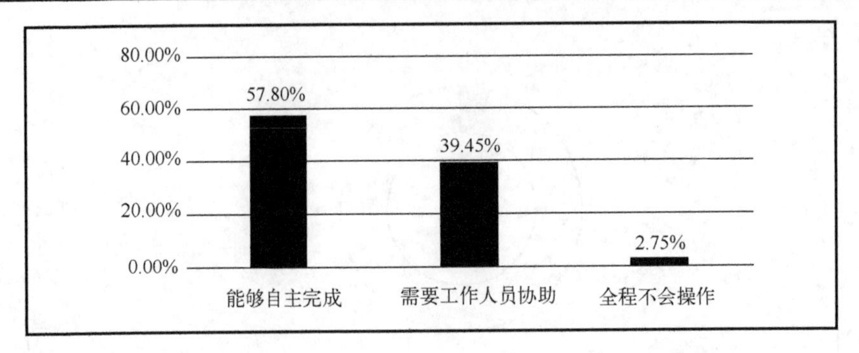

图 5-7　是否可自主完成分布图

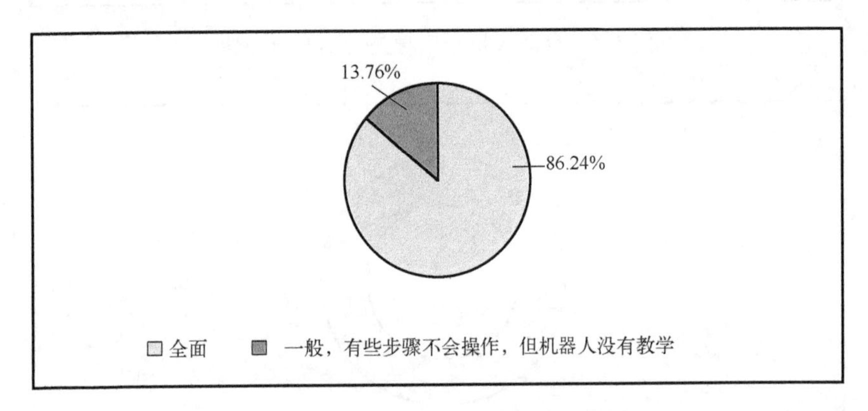

图 5-8　机器人示教是否全面分布图

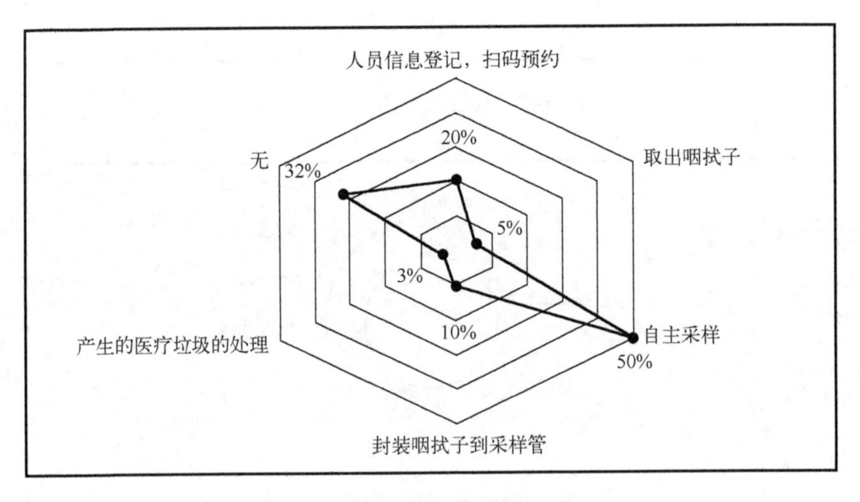

图 5-9　机器人操作难点分布图

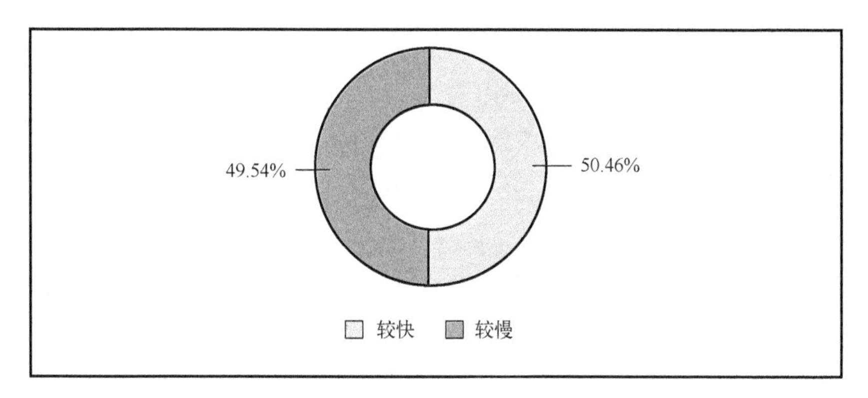

图 5-10　采样速度倾向分布图

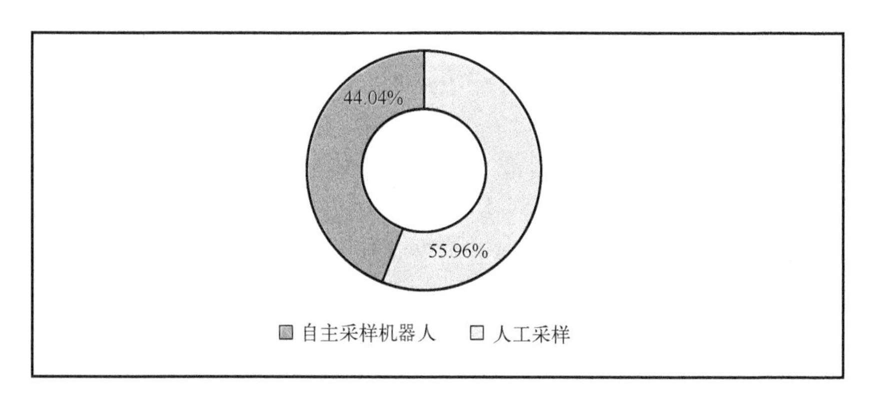

图 5-11　采样方式倾向分布图

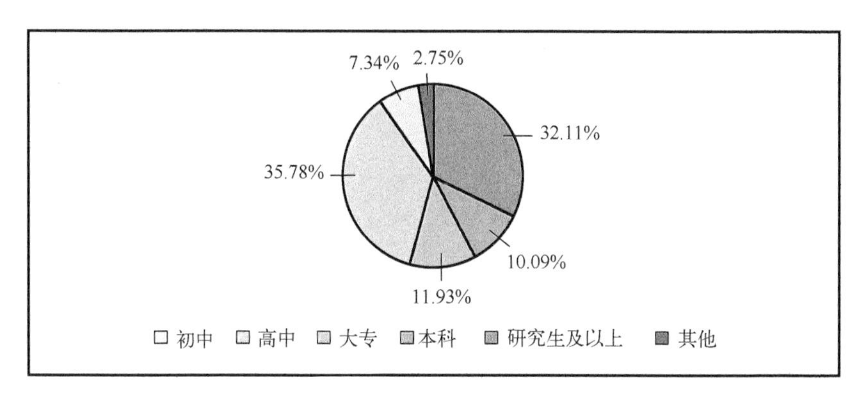

图 5-12　用户学历分布图

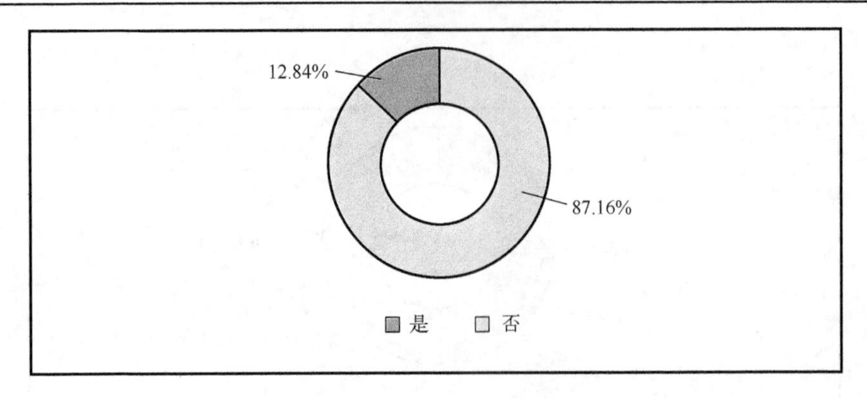

图 5-13　卫生专业技术人员与非专业技术人员分布

5.3　本章小结

本章介绍了咽拭子采样自助机器人的软件系统设计及实测结果，主要包括系统界面、软件结构图、功能概述及运行环境需求。软件的设计极大方便了采样人员进行自检，提高了核酸检测效率。市场检测方式采用盲选且检测人员受众范围广，实验结果具有较好的普适性。经统计学分析，通过咽拭子采样自助机器人与人工采集的样本 Ct 值基本一致(P=0.9978)，从检测角度讲，不影响结果的检出。从用户体验角度讲，有超过 75.2%的使用者对咽拭子采样自助机器人结果较为满意。